COURS

PRATIQUE ET THÉORIQUE

D'ARITHMÉTIQUE,

D'APRÈS LA MÉTHODE DE PESTALOZZI,

AVEC DES MODIFICATIONS.

Le nombre d'exemplaires fixé par la loi a été déposé.

Pour éviter toute contrefaçon, tous les exemplaires seront revêtus de ma signature.

DE L'IMPRIMERIE DE PILLET AÎNÉ.

COURS

Pratique et Théorique

D'ARITHMÉTIQUE,

D'APRÈS LA MÉTHODE DE PESTALOZZI,

AVEC DES MODIFICATIONS.

Contenant des exercices de calcul de tête pour tous les âges; un grand nombre d'applications; des questions théoriques sur les diverses parties de l'arithmétique, et qui peuvent servir d'examen; une table de la réduction des monnaies étrangères en monnaies françaises; une théorie des logarithmes, etc., etc.

Ouvrage également propre aux instituteurs et aux mères de famille qui veulent donner à leurs enfants les premières notions de cette science, et dans lequel on n'a rien négligé de tout ce qui pouvait en rendre l'utilité plus générale.

PAR H. L. D. RIVAIL,

DISCIPLE DE PESTALOZZI.

Il ne s'agit pas d'être plus savant, mais mieux savant.

MONTAIGNE.

TOME PREMIER.

A PARIS,

CHEZ PILLET AINÉ, IMPRIMEUR-LIBRAIRE,

ÉDITEUR DE LA COLLECTION DES MOEURS FRANÇAISES,

RUE CHRISTINE, N° 5.

1824.

DISCOURS PRÉLIMINAIRE.

Idée générale de la méthode de Pestalozzi.

Parmi le grand nombre de personnes qui ont traité cette branche d'instruction, il se trouve des hommes recommandables par leur érudition ; et, après leurs ouvrages, il doit paraître téméraire de présenter une nouvelle production en ce genre. Je suis loin de désapprouver les savants traités des Lacroix, des Bezout, et de tant d'autres non moins estimés ; aussi je ne prétends point innover sur les principes de la science, qui ont été exposés par ces auteurs d'une manière aussi savante qu'il était possible de le faire. Mais, quant à la manière de présenter les éléments de la science, mon ouvrage se distingue essentiellement des leurs ; m'étant proposé un but particulier, j'ai dû nécessairement suivre une autre marche.

L'arithmétique doit être considérée non-seulement comme science, mais comme moyen de développer l'intelligence de l'enfant, de former son jugement, et de l'habituer à raisonner avec justesse.

Tel doit être, selon Pestalozzi (*), le but de l'instruction élémentaire, qui doit moins consister à donner des connaissances positives, qu'à préparer l'esprit à les recevoir; telle est la base de sa méthode, que peu de personnes saisissent parfaitement, parce que peu se donnent la peine de réfléchir sur le véritable but qu'il s'est proposé. On croit généralement qu'elle consiste dans les formes et dans l'ex-

(*) Pestalozzi est né à Zurich, en Suisse, d'un médecin distingué. Ce fut à l'époque de la révolution française, époque à laquelle une partie de la Suisse était dévastée par la guerre, qu'il commença son institut. Son amour pour l'humanité lui fit recueillir un nombre considérable d'orphelins et d'enfants abandonnés. Lui seul se chargea de tous les soins de cet établissement : rien ne put le rebuter. Il persévéra, malgré un grand nombre d'obstacles, dans son noble dessein de servir l'humanité. Il y sacrifia sa fortune, et fut même obligé d'avoir recours à la générosité de ses amis. Son zèle fut couronné d'un entier succès. Ses premiers élèves lui servirent d'aides, et furent ses principaux collaborateurs. Il vint ensuite s'établir près de Berne, où sa méthode commença à fixer l'attention du public, et lui mérita les éloges des plus grands princes de l'Europe, entre autres de l'empereur de Russie et du roi de Prusse, qui l'ont introduite dans leurs États. Il demeure actuellement à Yverdun, canton de Vaud. C'est un des hommes dont l'humanité s'honore, et que la Suisse compte déjà parmi ses grands hommes.

(Pour plus de détails, consultez l'ouvrage de M. Julien, intitulé : *Esprit de la Méthode d'Education de Pestalozzi*. Au bureau central de la *Revue encyclopédique*, rue d'Enfer-Saint-Michel, nº 18.)

térieur, comme la plupart de celles qui ont paru jusqu'à présent, tandis qu'au contraire elle est toute *intellectuelle*, si je puis m'exprimer ainsi. Il a pris l'enfant au sortir des mains de la nature, pour le suivre dans ses développements; il a considéré la manière dont ses idées se développent, il a étudié ses besoins et ses facultés; et, d'après de nombreuses observations, il a établi une méthode qui tend essentiellement à profiter des facultés qu'il a reçues de la nature, pour lui donner un jugement sain, et l'habituer à mettre de l'ordre dans ses idées. Si par la suite sa position ne lui permettait pas de profiter des secours d'un instituteur, il pourrait, d'après le genre d'éducation qu'il aurait reçu, acquérir des connaissances par lui-même, en faisant usage de ses propres forces, en semant lui-même avec fruit sur le terrain que l'on aura labouré, parce qu'il aura *appris à apprendre*.

Pestalozzi, en prenant l'enfant au berceau, a épié les premières étincelles de sa raison, et il a reconnu qu'il apportait avec lui des facultés qui se développent par l'éducation, comme le germe d'une plante brise peu à peu l'enveloppe qui le renferme. Parmi ces facultés, on remarque principalement *l'esprit d'observation* et *la mémoire*. L'enfant naît observateur; à peine ouvre-t-il les yeux, qu'il veut tout toucher, tout examiner; à peine peut-il proférer une seule parole, qu'il demande l'usage de tout ce qui se présente à sa vue. Profitons de cet instinct naturel pour porter son attention sur des objets qui peuvent l'intéresser, lui en faire examiner toutes les parties, leurs rapports et leur utilité, en un mot, diriger cet esprit d'observation vers un but utile. Cette première partie de l'éducation appartient essentiellement à la mère : tout ce qui l'environne peut lui fournir mille sujets d'exercer l'esprit de son enfant. Je n'entrerai pas dans plus de détails à cet égard ; il me suffira de dire que l'arithmétique est un des moyens les plus propres à ce but ; mais on sait que ce n'est point avec des traités savants qu'on y parviendra. Mettons ici toute vanité de côté, et, sans vouloir faire monter l'esprit de l'enfant jusqu'à nous, sachons descendre jusqu'à lui ; tâchons d'entrer dans la sphère de ses idées, nous y trouverons mille sujets d'exercices utiles. Ce sont ses doigts à compter, les objets qu'on lui donne ; on en ajoute, on en soustrait. Cherchez combien il y a de doigts dans 2, 3, 4 mains ; combien de pieds dans 2, 3, 4 chevaux, et mille autres exercices dont nous dédaignons de nous occuper parce que nous les regardons comme puérils. Mais est-il rien qui puisse lasser la patience d'une mère!

Les progrès que fait un enfant dans une branche quelconque dépendent de plusieurs causes que je vais développer. La première est certainement le degré d'attention qu'il y apporte ; son attention dépend du degré d'intérêt que lui inspire ce qu'on lui enseigne; et comment peut-il s'y intéresser s'il n'y voit aucun but, aucun résultat? Or, pour lui faire sentir ce but, je le mettrai dans la nécessité d'avoir besoin de ce que je veux lui enseigner. Quelle attention, quelle combinaison, quel esprit d'observation ne remarque-t-on pas dans un enfant qui joue! Puisque son esprit est susceptible de réflexions, de combinaisons dans les jeux, pourquoi ne le serait-il pas dans les études? Parce qu'elles ne l'intéressent pas, et parce qu'ordinairement il n'en aperçoit point la nécessité, et qu'il y est traité comme un être absolument passif.

L'esprit de légèreté qui caractérise la plupart des enfants est très-souvent un obstacle au développement de leur intelligence, et rend chez eux la réflexion très-difficile. L'art de l'instituteur doit triompher de cet obstacle, et ce n'est pas un art de médiocre importance ni très-commun, que celui de savoir fixer ces esprits volages.

Quelle que soit la méthode que l'on suive, ce ne sera jamais avec cet air pédantesque qu'affectent certains maîtres, que l'on parviendra à fixer l'attention des élèves. Jamais il ne commande le respect; mais, tout en conservant la gravité qui convient à cette profession, ne craignez point une sorte de familiarité qui plaît aux enfants. Questionnez-les souvent, c'est le moyen de tenir leur esprit en haleine. Cherchez à les intéresser par de petites digressions qui les délassent et les disposent à vous mieux écouter. Que votre leçon soit une conversation instructive. N'affectez point une austérité qui les dégoûte de l'étude. L'enfance est l'âge de la gaîté ; pourquoi contrarier la nature ? En un mot, il est, dans la manière d'être avec les enfants, dans le ton même avec lequel on leur parle, un certain air que je ne saurais définir, *une douce sévérité*, qui commande et l'amour et le respect (*).

Les progrès dépendent encore d'une cause non moins essentielle, je veux dire de la gradation des difficultés. Suivre une marche tellement progressive que l'élève s'aperçoive à peine des degrés qu'il franchit ; ne point anticiper sur ses connaissances,

---

(*) Je dois ici rendre hommage à une personne qui protégea mon enfance, à M. Boniface, disciple de Pestalozzi, instituteur aussi distingué par son érudition que par son talent pour instruire. Nul ne posséda mieux que lui l'art de se faire aimer, je dirai plus, de se faire chérir de ses élèves. Il fut un de mes premiers maîtres, et je me rappellerai toujours le plaisir avec lequel j'allais à ses leçons, ainsi que mes condisciples. Plein d'amour pour l'enfance, et pénétré d'une véritable philantropie, il a fondé une école, rue de Tournon, faubourg Saint-Germain, qui mérite à juste titre les éloges que lui ont adressés les personnes les plus distinguées par leur mérite. Il est auteur de plusieurs ouvrages, entre autres d'un *Cours de Dessin linéaire*, très-estimé. Seconde édition ; chez Ferra, libraire, rue des Grands-Augustins.

et ne point lui supposer des idées qu'il n'a pas, telles sont les conditions essentielles. Mais, pour suivre une gradation conforme aux besoins de l'enfant, il n'en est pas de meilleure que celle que nous indique la nature. Suivons la marche de l'esprit humain à travers les siècles, et nous aurons notre méthode tracée. Considérons l'enfant comme étant à l'origine des sciences, et faisons-le passer succinctement par les divers degrés que l'homme a dû parcourir. Cependant une marche trop lente est aussi nuisible qu'une marche trop rapide : c'est du juste milieu que dépendent les succès. En cela l'instituteur doit se diriger d'après la capacité de son élève.

En suivant cette gradation, nous sommes sûrs de ne point nous égarer. L'homme a marché de découverte en découverte ; chaque idée acquise lui servait de base pour en acquérir une autre. Classons donc nos exercices de manière que l'élève, familiarisé avec l'un d'eux, passe sans peine au suivant ; qu'un principe conçu le mette sur la voie d'en concevoir un autre ; mais, s'il est possible, *qu'il le trouve lui-même*. Tel est un autre principe fondamental de notre méthode : *L'élève doit découvrir les règles lui-même*. Cette marche est conforme à la nature, car certainement l'homme n'a point commencé par établir de règles dans quelque science que ce fût. Il a vu, observé, et de ses observations il a déduit des principes. Faisons donc beaucoup voir, beaucoup observer à notre élève; enfin présentons-lui des faits, et aidons-le à en déduire les règles. Chaque pas qu'il fait le convainc de ses propres forces, parce qu'il marche de découverte en découverte; et il en éprouve d'autant plus de satisfaction, qu'il les aura faites lui-même pour la plupart. *On ne possède bien*, dit Bâcon, *que ce que l'on a trouvé soi-même.*

Ne remarquez-vous pas dans l'enfant un esprit d'observation, de curiosité, d'analyse? Profitons-en pour lui rendre moins pénible le sentier des études. La science devient alors un moyen inépuisable de satisfaire son penchant; mais il faut savoir la lui présenter : c'est là l'écueil contre lequel tant d'hommes échouent dans cette carrière. L'élève instruit d'après cette méthode est assez convaincu de ses propres forces pour ne point se rebuter, et il sent assez sa faiblesse pour n'être point présomptueux.

Je récapitule les principes généraux:

1° Cultiver l'esprit naturel d'observation des enfants, en portant leur attention sur les objets dont ils sont environnés;

2° Cultiver l'intelligence, en suivant une marche qui mette l'élève en état de découvrir lui-même les règles;

3° Procéder toujours du connu à l'inconnu, du simple au composé;

4° Eviter tout mécanisme, en lui faisant connaître le but et la raison de tout ce qu'il fait ;

5° Lui faire toucher au doigt et à l'œil toutes les vérités. Ce principe forme en quelque sorte la base matérielle de ce Cours d'arithmétique (*);

6° Ne confier à la mémoire que ce qui aura été saisi par l'intelligence.

Quoique ces réflexions ne soient pas spéciales pour le calcul, j'ai cru devoir les faire, afin de montrer qu'il est des principes qui régissent l'instruction en général, et d'où découlent les règles propres à chaque branche en particulier. Nous allons actuellement nous occuper d'une manière directe de l'arithmétique.

Les chiffres sont des signes abstraits, conventionnels, qui n'indiquent aucunement les valeurs qu'ils représentent ; mais la nature nous montre les

---

(*) Tel est le principe de la méthode, connu sous le nom d'*intuition*, mot qui signifie *notion claire et précise* d'une chose. C'est sous ce rapport que j'ai apporté des modifications à la marche suivie chez Pestalozzi, en combinant la méthode ordinaire avec la sienne, et en faisant succéder l'abstraction à l'intuition ; en sorte que si l'élève, instruit d'après cette méthode, passait subitement à une autre, il ne s'y trouverait point étranger ; tandis que celui qui sortait de chez Pestalozzi avait une étude entièrement nouvelle à faire ; étude qu'il faisait avec d'autant plus de fruit, que cette préparation lui avait été très-utile, mais pour laquelle il éprouvait de la difficulté.

objets mêmes, premier moyen dont les hommes se sont servis, et dont se servent encore les sauvages, et même les personnes sans instruction.

Présentez à une personne qui ne connaît pas les chiffres un 5; connaîtra-t-elle d'elle-même le nombre qu'on a voulu figurer? Mais présentez-lui cinq doigts, cinq pierres, et elle en désignera de suite la quantité.

Les nombres que l'on fait prononcer à la plupart des enfants sont pour eux des mots vides de sens, auxquels ils n'attachent aucune idée; mais il n'en sera pas de même si l'on parle à leurs yeux. Dans l'instruction individuelle, on peut se servir de jetons ou d'autres objets; mais, dans l'instruction simultanée, l'usage de l'arithmomètre est indispensable. Au moyen de boules qui sont rangées par dizaines sur de petites tringles, on fait une foule d'exercices très-intéressants et très-utiles (*).

DIVISION GÉNÉRALE DE L'OUVRAGE.

Il se compose de trois parties ou trois cours.

Le premier renferme tout ce qu'il y a de plus élémentaire en fait d'exercices : il est pour des en-

---

(*) Cet instrument a été inventé par M. Phiquepal, instituteur; il remplace les tableaux dont on se servait chez Pestalozzi. Ces tableaux sont à la fin de l'ouvrage.

fants de quatre à six ans. Dans les premières leçons, ils sont exercés sur la formation des nombres ; ils les comparent d'une manière générale, en classant, par ordre de valeur, une certaine quantité de nombres pris au hasard ; ils cherchent combien il faut ajouter à un nombre ou en retrancher pour avoir un nombre désigné ; ils composent un nombre avec deux ou trois autres de toutes les manières possibles. Enfin ils résolvent une foule de petites questions à leur portée, tant sur l'addition que sur les autres opérations, et même sur les fractions.

Il faut de bonne heure que l'élève s'exerce lui-même à démontrer son opération sur l'arithmomètre. Cette habitude est essentielle pour l'accoutumer à se rendre raison de tout ce qu'il fait. On ne doit pas se contenter d'une réponse exacte, il faut en demander la raison ; et si cette réponse est fausse, il doit le voir lui-même par sa démonstration.

Remarquez bien qu'il ne s'agit pas ici d'enseigner les règles à l'enfant, mais de se servir des nombres comme moyen d'exercer son intelligence et sa mémoire. Il n'est besoin ici d'aucune connaissance de chiffres. Les exercices doivent être bornés aux vingt premiers nombres ; si l'élève témoigne le désir d'apprendre à compter plus loin, on peut le satisfaire, mais sans trop s'y attacher. Je désapprouve la manie que l'on a souvent de faire compter à un enfant des nombres que son esprit ne peut embrasser; il s'habitue par là à se payer de mots et non d'idées.

Deuxième Cours.

Ce cours se rapproche beaucoup du premier quant à la forme des exercices; mais, supposant l'élève de sept à dix ans au moins, les nombres sont plus forts, les questions plus compliquées et plus multipliées. Il apprend à se servir des chiffres, mais sans *formules*. On lui fait connaître les différentes opérations : c'est là qu'il en acquiert une intuition parfaite. Ce cours est divisé en exercices sur l'addition, la soustraction, le système de numération, la multiplication, la division, les fractions, les proportions. Ainsi il embrasse toutes les parties de l'arithmétique; mais elles y sont traitées d'une manière bornée.

Voici le genre de questions que l'élève résout.

1° Un homme a fait un voyage qui a duré 4 jours; le premier il a fait 6 lieues, le second 5, le troisième 7, et le quatrième 8; quelle est la longueur de son voyage?

Il l'écrit ainsi : $6 + 5 + 7 + 8 = 26$.

2° J'avais 25 sous dans ma bourse, j'en dépense 13; j'y remets trois pièces de 15 sous, j'en dépense de nouveau 8 sous, et j'y remets encore 16 sous : combien me reste-t-il?

$$25 - 13 = 12.$$
$$12 + 15 + 15 + 15 = 57.$$
$$57 - 8 = 49.$$
$$49 + 16 = 65.$$

3° 2 copistes font 36 pages d'ouvrage en 1 jour et en travaillant 6 heures, combien 3 copistes en feront-ils en 2 jours et en travaillant 5 heures par jour?

On peut d'ailleurs voir à la fin du premier volume la récapitulation de tous les exercices qui y sont renfermés.

Ce cours est en quelque sorte un cours préparatoire : il n'y entre aucune formule arithmétique ; toutes les opérations se font par le raisonnement, et la plupart de tête. Les nombreux exercices qu'il renferme tendent au but que je me suis proposé, qui est de donner de la justesse au jugement. Il a de plus l'avantage d'être à la portée de l'intelligence peu exercée, en ce que l'élève combine des nombres que son esprit embrasse facilement, et qui se rapprochent davantage de ses besoins présents. Ces problèmes, dont la plupart offrent des combinaisons assez compliquées, exercent son esprit d'une manière bien plus utile que des *millions* qu'on lui fait écrire d'une manière tout-à-fait machinale. Par ce moyen il acquiert une intuition parfaite des diverses opérations ; il les conçoit, et ce ne sont pas des mots qui sont restés dans sa tête, mais des idées.

Préparé de cette manière, l'élève fera des progrès d'autant plus rapides, lorsqu'on en viendra à l'arithmétique proprement dite, que ce qu'on lui présentera ne lui sera point entièrement étranger, et n'est que le développement de ce qu'il a déjà vu. Il ne faut point attendre, pour commencer le troisième cours, que l'élève ait achevé le second. Si, parvenu aux exercices sur la division et sur les fractions, il les fait avec facilité, on peut les faire marcher simultanément en faisant alternativement le calcul de tête et le calcul de chiffres.

Troisième Cours.

Ce cours comprend l'arithmétique proprement dite, et contient tout ce qu'il est nécessaire de savoir dans cette partie. Il renferme surtout un grand nombre d'applications depuis les opérations les plus simples jusqu'aux plus compliquées ; mais je me suis attaché, dans le choix des problèmes, à ceux qui présentent un double intérêt par l'usage que l'on est dans le cas d'en faire dans la société, et j'ai rejeté tous ceux que l'on donne ordinairement dans le simple but de présenter des difficultés, et qui n'ont aucune idée de vraisemblance. La gradation suivie dans l'ordre de ces problèmes met l'élève à même de les résoudre sans difficulté ; d'ailleurs il a acquis par ceux du second cours l'habitude d'analyser les opérations qui entrent dans une solution, et cette habitude est de la plus grande importance. Remarquez que dans ce second cours les problèmes sont proposés sur des nombres faibles, de manière à ne présenter que la complication des opérations. L'élève bien familiarisé avec ceux-ci n'éprouvera, dans la solution de ceux du troisième, d'autres difficultés que les formules nécessaires pour opérer sur les grands nombres; mais comme ces formules elles-mêmes auront été présentées d'une manière très-graduée, leur combinaison avec les problèmes offrira peu ou point de difficultés. Remarquez en outre que ces problèmes, tant du second que du troisième cours, sont une préparation très-utile à l'algèbre; l'emploi que l'on fait de bonne heure des signes algébriques donne à l'élève une juste idée de leur valeur et en rend l'usage familier; mais le véritable but de cette préparation est de former l'esprit aux combinaisons numériques, combinaisons qui, comme je l'ai déjà dit, faciliteront considérablement l'intelligence des raisonnements que l'élève sera dans le cas de faire, soit en arithmétique soit en algèbre.

Fidèle à mon principe dans la gradation des difficultés, je ne commence point par indiquer les moyens abrégés de faire les opérations, je propose une difficulté, et, au lieu de l'expliquer, j'abandonne l'élève à ses propres forces. Il emploie pour la résoudre les moyens les plus longs; mais peu importe, pourvu qu'il parvienne au résultat. Ces moyens, que son instinct lui a suggérés, sont les plus naturels, et il les conçoit mieux ; c'est après cela qu'on lui en fait sentir l'inconvénient, et qu'il faut lui indiquer les moyens abrégés : s'il les trouve lui-même, cela n'en vaudra que mieux.

Les difficultés étant bien divisées, et les exercices bien gradués, on ne saurait croire ce qu'un enfant peut découvrir par lui-même avec un peu de raisonnement. Prenons pour exemple les fractions. Avant d'indiquer à l'élève la réduction au même dénominateur, propriété dont il ne sent nullement l'utilité, je le mets dans le cas d'en faire usage, et voici de quelle manière :

Je propose une question d'addition de fractions ayant toutes le même dénominateur. *Sans que j'aie besoin de le lui dire*, il additionnera les numérateurs, et sentira par lui-même l'impossibilité de s'y prendre autrement. Puis je lui présente cette question : $\frac{1}{2} + \frac{3}{4}$. Il voit qu'on ne peut pas additionner ces fractions telles qu'elles sont là ; mais il voit en outre qu'on peut facilement convertir la 1/2 en 1/4. Il comprend alors que deux fractions de différentes espèces doivent être réduites au même dénominateur pour être additionnées. Je propose ensuite $\frac{3}{4} + \frac{1}{3}$. Ici il ne peut changer les tiers en quarts ni les quarts en tiers ; mais il peut changer l'une et l'autre fraction en /12, /24, /36, etc. Notez que je n'ai presque rien à lui dire.

Enfin je propose d'additionner $\frac{3}{4}$ $\frac{5}{7}$ $\frac{4}{9}$. La difficulté, ou plutôt l'impossibilité de trouver de tête un dénominateur qui soit multiple des trois qui sont dans la question, lui montre clairement la nécessité d'un moyen plus prompt et plus simple que je lui indique. C'est ainsi qu'avant de présenter ces moyens abrégés dont on ne sent pas toute l'utilité, je mets l'élève dans le cas de faire usage de ses propres forces, en lui faisant épuiser par lui-même tous les autres moyens. En cela encore je suis une marche conforme à la nature; car il est évident que ces formules abréviatives n'ont point été inventées dans le principe, et que l'on a commencé par faire usage des procédés les plus longs.

La multiplication des fractions présente beaucoup de difficultés, non quant au mécanisme, mais relativement à la raison de ce mécanisme, et sur dix élèves il en est neuf qui ne savent pas démontrer pourquoi, dans cette opération, le produit est plus petit que le nombre que l'on multiplie. On enseigne cela souvent si machinalement, que j'ai vu des enfants faire cette opération sans s'apercevoir de cette propriété du résultat. En questionnant l'élève et en suivant des exercices bien gradués, on doit pouvoir l'amener à trouver lui-même que le produit se rapporte toujours au multiplicande, comme le multiplicateur à l'unité, et par conséquent l'amener à reconnaître les propriétés de cette opération.

Un autre principe qui n'est pas moins essentiel, et qui trouve à chaque instant son application, est de présenter chaque nouvelle difficulté sur des nombres extrêmement faciles, afin que l'attention de l'élève ne soit point détournée du but vers lequel on veut la diriger : on peut remarquer que je me suis constamment guidé sur ce principe. Chaque nouvelle difficulté doit être en même temps présentée dans un petit exemple, très-simple, mais suffisant pour montrer l'utilité de ce que l'on va faire. On évite par là le mécanisme, et l'on ajoute un degré d'intérêt à une science naturellement aride et sèche par elle-même.

Je dois faire encore les recommandations suivantes aux personnes qui feront usage de mon ouvrage.

1° Avant d'attaquer une nouvelle difficulté, il faut y préparer l'élève, soit en rappelant les observations précédentes qui peuvent l'aider, soit en lui en faisant faire de nouvelles.

2° Lorsqu'une opération présente un moyen abrégé d'être résolue, il ne faut jamais commencer par cette abréviation. Au contraire il faut employer le moyen le plus long; c'est toujours le plus clair. Souvent un instituteur croit éviter la perte de temps en hâtant outre mesure l'instruction de son élève; il se trompe; car lorsque cette instruction n'est pas appuyée sur des fondements solides, lorsqu'elle n'est pas enracinée dans l'intelligence, un souffle léger la fait disparaître. C'est ce qui n'arrive que trop fréquemment dans l'instruction actuelle. On se contente de ce que peut retenir la mémoire, sans s'inquiéter si l'intelligence a été mise en action. Rappelons-nous donc que ce ne sont pas des mots ni des formules qu'il importe à l'élève de retenir, mais des idées. Il doit avoir le sentiment intime de ce qu'il fait. Or les moyens les plus longs sont ceux par lesquels on a dû commencer, et puisque ce sont ceux qui se sont présentés les premiers à l'imagination, ils doivent être les plus clairs. D'ailleurs en les abrégeant, on a retranché certains détails d'opération qui en augmentaient la clarté. Il faut donc toujours partir du point d'où l'on a dû partir dans le principe, et arriver graduellement à celui où l'on est aujourd'hui.

Cette marche est à la vérité un peu plus longue que la marche ordinaire, mais elle est plus sûre. On peut les comparer à deux routes pratiquées pour gravir une montagne ; l'une va en droite ligne du pied au sommet, l'autre serpente en louvoyant ; sa pente est douce et insensible. De cette manière l'arithmétique acquiert une utilité bien plus générale, elle est dégagée de tout mécanisme ; l'intelligence et la mémoire y sont simultanément exercées ; enfin elle est à la portée de tous les âges, et les plus jeunes enfants, familiarisés de bonne heure avec les combinaisons mathématiques, auront déjà fait un grand pas dans cette science, en ce que leur esprit est convenablement préparé.

Qu'on examine les procédés et les résultats de la méthode ordinaire, on verra d'abord que l'on cherche à hâter cette instruction de manière à faire perdre à l'élève tout le fruit qu'il pourrait en retirer. Aussi arrive-t-il très-souvent que, dans l'espace de deux mois, il oublie tout ce qu'il a appris. Je suis loin de conseiller une marche trop lente; les deux extrêmes ont de grands inconvénients; mais une marche trop rapide est peut-être plus nuisible encore, en ce qu'elle habitue l'élève à saisir les choses superficiellement. Le mécanisme avec lequel on enseigne cette science nuit considérablement aux progrès. J'ai vu des enfants de sept ans faire des multiplications de millions, et ne pas savoir lire un nombre écrit avec deux chiffres. J'ai vu, et tout le monde peut faire cette expérience, nombre d'élèves de quatorze à quinze ans savoir faire les quatre opérations, et répondre qu'il fallait faire une soustraction pour la question suivante : *Si une aune coûte 5 francs, combien coûteront six aunes*?

OBSERVATIONS SUR L'USAGE DE CET OUVRAGE.

Plusieurs personnes se sont étonnées qu'un traité d'arithmétique pût former deux volumes, ce qui en rendrait, disaient-elles, l'usage incommode dans les institutions, où l'on ne peut mettre entre les mains des élèves des ouvrages trop volumineux; mais on est prié d'observer que celui-ci renferme deux parties bien distinctes, savoir le calcul de tête et le calcul de chiffres ou l'arithmétique proprement dite. Le calcul de tête fait le sujet du premier volume et ne doit point être mis entre les mains de l'élève; il est entièrement à l'usage de l'instituteur; il renferme d'ailleurs des réflexions sur la manière d'enseigner qui ne s'adressent point aux enfants.

J'ai supposé l'instruction simultanée, parce que l'ordre est bien plus difficile à établir avec un certain nombre d'enfants, soit pour maintenir l'activité, soit pour éviter la perte de temps. J'y ai joint cependant des observations sur l'instruction individuelle, d'après lesquelles l'instituteur pourra facilement se diriger. Cette méthode d'ailleurs est également propre à tous les modes d'enseignement.

Les répétitions simultanées, dont on peut tirer un grand avantage, ne sont praticables qu'avec un certain nombre d'enfants. Elles se font en mesure, et trente ou quarante enfants peuvent parler ensemble sans que l'ordre en soit troublé; trois ou quatre jours suffisent pour qu'ils y soient habitués. Elles introduisent dans la classe une activité qui leur plaît, les anime et leur inspire de la gaîté. Plusieurs médecins pensent même qu'elles peuvent être avantageuses pour le développement physique, pourvu toutefois qu'on n'en fasse pas abus et *qu'on modère la voix*. Si l'on considérait ces répétitions comme une base essentielle de la méthode, on se tromperait, c'est un très-bon moyen accessoire dont il faut user avec modération. L'abus le rendrait fastidieux et lui ôterait une partie de son utilité. C'est surtout en interrogeant très-souvent l'élève que l'on tiendra son esprit en haleine; c'est un second moyen dont on ne saurait abuser. La leçon doit être pour ainsi dire une suite de questions.

Je crois devoir terminer cet aperçu de la méthode par les passages suivants:

« L'élève de Pestalozzi n'acquiert pas seulement » des connaissances par l'habitude et d'une manière » mécanique, mais d'une manière organique et » complète. Il pénètre dans l'intérieur des choses, » il fait des réflexions, il tire des conséquences, il » établit des principes, il possède à fond la science » qu'il construit en quelque sorte pour son usage, » à mesure qu'il y applique son attention et les » forces toujours croissantes de son intelligence. » Tous ses cours d'instruction sont pour lui des » cours de logique pratique. » JULIEN, *Essai sur la Méthode de Pestalozzi*.

« Les applications du calcul numérique étant les » plus fréquentes, l'usage d'enseigner d'abord la

» science des nombres a prévalu ; mais il convien-
» drait que les conséquences des premières notions
» fussent d'abord représentées physiquement avant
» d'être déduites du raisonnement, et que les enfants
» apprissent d'abord à calculer par leurs doigts ou
» avec des jetons, ainsi que l'ont fait les hommes
» eux-mêmes dans l'origine de la science. Par ce
» moyen, dès leur plus jeune âge les élèves senti-
» raient les avantages et la nature des signes con-
» ventionnels qu'on emploie pour abréger l'expres-
» sion des nombres et faciliter leurs diverses com-
» binaisons. Si l'on n'en use pas ainsi dans les
» écoles, c'est parce qu'on a toujours cherché plu-
» tôt la commodité de celui qui montre que celle de
» celui qui enseigne, et qu'avec des châtiments on
» vient toujours à bout de faire apprendre par cœur
» à un enfant ce que d'autres ont appris de même
» avant lui. » LACROIX, *Essais sur l'Enseignement.*

J'ai composé cet ouvrage avec l'intention d'être utile aux élèves et aux instituteurs ; c'est à ces derniers qu'il est spécialement consacré. Le succès dépend de la direction que l'on suit, et c'est cette direction que j'ai entrepris de tracer, avec l'aide des personnes qui m'ont servi de maîtres dans l'art d'enseigner. Je dois à M. Boniface, dont j'ai eu occasion de parler, l'idée de cet ouvrage et une grande partie des exercices du deuxième cours. Il a bien voulu m'aider de ses conseils, ainsi que

M. Ampère, membre de l'Université, à qui j'ai communiqué mon plan.

Désirant me rendre utile à la jeunesse et concourir de tout mon pouvoir à lui aplanir le sentier pénible des études, je profiterai avec empressement des conseils que voudront bien me donner les personnes qui sont au-dessus de moi par leur instruction et par leur expérience, et le suffrage des hommes de bien sera toujours ma plus douce récompense.

COURS
Pratique et Théorique
D'ARITHMÉTIQUE.

PREMIER COURS.

§ Ier.

Sommaire des Exercices.

1° La connaissance des nombres. — 2° Comparaison de plusieurs nombres entre eux, sous le rapport de leur grandeur en général. Applications. — 3° Addition de deux nombres. Applications. Exercice sur les monnaies. — 4° Composition d'un nombre avec deux autres. — 5° Addition de trois, quatre nombres. Applications. — 6° Composition d'un nombre avec trois autres.

Observations. Ces exercices, que j'ai bornés ici au nombre 10, seront insensiblement étendus jusqu'à 20. Peu à peu, on poussera plus loin la connaissance des nombres, en faisant connaître chaque fois à l'enfant une dizaine de plus; mais ce n'est point ce qui doit faire l'objet principal des premières leçons. On doit surtout s'attacher à lui faire acquérir une idée précise de ce qu'il sait, par les moyens que j'indique.

Je suppose ici l'instruction simultanée, parce que cette espèce d'enseignement présente plus de difficultés, vu le nombre d'enfants dont il faut fixer l'attention, et l'ordre à rétablir dans une classe. L'instituteur particulier pourra facilement se diriger d'après les exercices que j'ai indiqués: il n'y a que les répétitions simultanées qui ne sont pas de son ressort; mais ces exercices, qui, dans une classe, se font simultanément, doivent se faire ici individuellement, et il est important de ne pas les omettre.

PREMIER EXERCICE.

Connaissance des nombres par l'addition et la soustraction successive de l'unité.

Répétition simultanée sur l'arithmomètre (1).

1	boule et	1	boule font	2 boules.
2	boules et	1	....	3
3	......	1	....	4
4	......	1	....	5
5	......	1	....	6
6	......	1	....	7
7	......	1	....	8
8	......	1	....	9
9	......	1	....	10

(1) Voyez, pour l'explication de cet instrument, les observations sur l'usage de cet ouvrage, après le discours préliminaire.

De même en rétrogradant :

10 boules moins	1 boule font	9 boules.
9	1	8
8	1	7
7	1	6
6	1	5
5	1	4
4	1	3
3	1	2
2	1	1
1	1	0

Afin que l'élève se fasse une idée exacte de l'augmentation des nombres, on disposera les boules dans l'ordre suivant :

o
o o
o o o
o o o o
o o o o o
o o o o o o
o o o o o o o
o o o o o o o o
o o o o o o o o o
o o o o o o o o o o

On montre un nombre au hasard ; les élèves doivent le nommer.

1° Un élève remplace le maître et fait faire aux autres les exercices précédents ; c'est-à-dire les répétions simultanées.

2° Les élèves posent tour à tour sur l'arithmomètre le nombre qu'on leur indique.

3° On nomme un nombre et ils l'écrivent sur leurs ardoises par des traits.

Observations. Il faut habituer les enfants à saisir un nombre au premier coup d'œil. L'instituteur particulier peut trouver beaucoup plus de sujets d'exercices que celui qui a un grand nombre d'enfants à instruire : ce sont des fruits, des bonbons, les arbres d'une allée, les boutons de son habit, et mille autres choses. . . . .

On a un certain nombre de jetons, de bonbons ou d'autres objets, et l'on dit à l'enfant d'en prendre un nombre déterminé. . . . .

Enfin, on cherchera tous les moyens propres à fixer son attention, à le faire réfléchir et à lui donner une idée exacte de la valeur des nombres, tout en l'amusant.

DEUXIÈME EXERCICE.

Comparaison des nombres entre eux, sous le rapport de leur grandeur en général.

Observation. On ne fera point déterminer la différence qu'il y a entre deux nombres ; on les comparera seulement sous le rapport de la grandeur en général.

Lequel est le plus grand de ces deux nombres, 3 et 4?

Même question sur 2 et 6, 3 et 5, 4 et 8, 8 et 9, etc.

Donnez un nombre plus grand que 3, un autre plus grand que 6, que 8, etc.

Donnez un nombre plus petit que 8, un autre plus petit que 6, 5, 3, etc.

Donnez tous les nombres plus petits que 5, 4, 6, 8, 1, etc.

Donnez tous les nombres que vous connaissez plus grands que 5, 4, 6, 8, 1, etc.

Quel est le plus petit, quel est le plus grand et quel est le moyen des nombres suivants :

3, 2, 6.
4, 5, 3.
7, 9, 2.
3, 6, 4.
8, 2, 5, etc.

(Le nombre moyen est celui qui est entre le plus grand et le plus petit).

Donnez un nombre moyen entre 3 et 6, entre 4 et 8, 5 et 7, 2 et 9, 8 et 10, 7 et 8, etc.

— J'avais 8 pommes et mon frère 6; lequel des deux en avait le plus?

— Un enfant a 5 ans, un autre en a 7; lequel des deux est le plus âgé?

— Un enfant a dormi pendant 8 heures, un autre pendant 10; lequel des deux a dormi le plus long-tems?

— Il y a 6 lieues de Paris à Versailles, et 4 de Paris à Saint-Germain; laquelle de ces deux villes est la plus éloignée de Paris?

On proposera d'autres questions analogues aux précédentes.

TROISIÈME EXERCICE.

Addition de deux nombres.

1° On dispose les boules de l'arithmomètre de la manière suivante :

o o o
o o o o
o o o o o
o o o o o o
o o o o o o o
o o o o o o o o
o o o o o o o o o
o o o o o o o o o o

Répétition simultanée.

1 boule et 2 boules font 3 boules.
2 boules et 2 4
3 . . . . . 2 5
4 . . . . . 2 6
5 . . . . . 2 7
6 . . . . . 2 8
7 . . . . . 2 9
8 . . . . . 2 10

On interroge chaque élève en particulier. Par de fréquentes répétitions et par un grand nombre de questions analogues aux suivantes, on tâchera de graver ces exercices dans la mémoire de l'enfant.

— J'avais 6 sous, on m'en a redonné 2; combien en ai-je?

— J'avais 7 poires, on m'en a donné 2 autres; combien en ai-je?

— J'ai 5 sous et mon frère 2; combien en avons-nous ensemble, etc.?

2° En changeant la disposition des boules, on fera dire simultanément :

1 boule et 3 boules font 4 boules.
2 boules et 3 5

3 boules et 3 boules font 6 boules.
4 . . . . . 3 . . . . 7, etc.

— J'avais 5 pommes, on m'en donne encore 3 ; combien en ai-je ?

— J'ai lu hier 6 pages et aujourd'hui 3 ; combien cela fait-il ?

— J'ai mangé hier 3 pommes à mon goûter et aujourd'hui 3 ; combien en ai-je mangé ?

— J'ai dépensé hier 7 sous et aujourd'hui 3 ; combien en ai-je dépensé ? etc.

Observation. Il est dit, une fois pour toutes, qu'après chaque répétition simultanée, il faut interroger les élèves séparément, tant sur l'exercice que l'on vient de faire que sur les précédents.

Pour intéresser les enfants, il faut, de temps en temps, substituer au mot *boule* le nom d'un fruit ou d'un autre objet. Ce changement a encore l'avantage de leur montrer que l'application que l'on fait de ces exercices sur les boules n'est qu'arbitraire, et qu'on peut la faire sur toute autre chose.

3° 1 boule et 4 boules font 5 boules.
2 boules et 4 6
3 . . . . 4 7
4 . . . . 4 8
5 . . . . 4 9
6 . . . . 4 10

Quelques applications.

4° 1 boule et 5 boules font 6 boules.
2 boules et 5 7

3 boules et 5 boules font 8 boules.
4 . . . . . 5 9
5 . . . . . 5 10

5° 1 boule et 6 boules font 7 boules.
2 boules et 6 8
3 . . . . . 6 9
4 . . . . . 6 10

6° 1 boule et 7 boules font 8 boules.
2 boules et 7 9
3 . . . . . 7 10

7° 1 boule et 8 boules font 9 boules.
2 boules et 8 10

8° 1 boule et 9 boules font 10 boules.

9° 5 plus 1 font 6. | 5 plus 4 font 9.
5 . . . 2 . . . 7. | 5 . . . 5 . . . 10.
5 . . . 3 . . . 8. | 5 . . . 6 . . . 11.

10° 6 plus 1 font 7. | 6 . . . 4 . . . 10.
6 . . . 2 . . . 8. | 6 . . . 5 . . . 11.
6 . . . 3 . . . 9. | 6 . . . 6 . . . 12.

Nota. Lorsque l'on veut représenter sur l'arithmomètre un nombre plus grand que 10, on est obligé de se servir de deux rangs de boules : sur le premier on met la dizaine, et sur le second le surplus. Ceci a un avantage, en ce que l'enfant voit de lui-même le rapport qu'il y a entre le nombre donné et la dizaine, et de combien il surpasse cette dizaine.

11° 7 plus 1 font 8. | 7 plus 4 font 11.
7 . . . 2 . . . 9. | 7 . . . 5 . . . 12.
7 . . . 3 . . . 10.

12° 8 plus 2 font 10. | 8 plus 4 font 12.
8 . . . 3 . . . 11.

13°	9 plus 1 font 10.	9 plus 3 font 12.
	9 . . . 2 . . . 11.	
14°	10 plus 1 font 11.	10 plus 4 font 14.
	10 . . . 2 . . . 12.	10 . . . 5 . . . 15.
	10 . . . 3 . . . 13.	10 . . . 10 . . . 20.
15°	2 plus 2 font 4.	7 plus 7 font 14.
	3 . . . 3 . . . 6.	8 . . . 8 . . . 16.
	4 . . . 4 . . . 8.	9 . . . 9 . . . 18.
	5 . . . 5 . . . 10.	10 . . . 10 . . . 20.
	6 . . . 6 . . . 12.	

Applications des exercices précédents.

Observations. 1° Les mêmes questions devront être proposées sur des nombres différents, et il est bon d'engager les enfants à en chercher de semblables. Il serait impossible de réunir ici toutes celles que l'on doit proposer, attendu que ce n'est que par le grand nombre et par des exercices fréquents que les enfants parviendront à se graver ces sortes de combinaisons dans la mémoire. Les localités présentent souvent des formes de questions qu'on n'a pas pu prévoir, et que l'instituteur ne doit pas négliger.

2° Pour maintenir l'ordre et l'activité dans l'instruction simultanée, pour éviter la perte de temps et entretenir une sorte d'émulation, il est nécessaire de proposer la même question à tous les élèves simultanément : vous les verrez alors tous s'empresser de répondre avec une espèce d'avidité, et même occasioner beaucoup de bruit si l'on n'y met ordre. Voici le moyen de l'éviter : aussitôt qu'un élève a trouvé la réponse à la question proposée, il doit se contenter de lever la main. Lorsque tous ont achevé, l'un d'eux énonce son résultat ; tous ceux qui ont de même lèvent la main ; les autres énoncent aussi les leurs. Tous les résultats énoncés, un élève doit aller à l'arithmomètre pour les vérifier.

Ces observations pourront paraître un peu puériles, mais je les crois nécessaires pour les personnes qui n'ont pas l'habitude de l'enseignement ; car la première chose à établir dans une classe, c'est de l'ordre, et ce mode d'enseignement peut quelquefois occasioner du désordre si l'on ne sait pas y veiller ; comme il peut aussi, s'il est bien dirigé, entretenir beaucoup d'activité et d'émulation.

Remarquez que les questions suivantes ne sont que sur l'addition, et qu'il ne faut point encore faire soustraire.

— Si l'on me donne 3 sous aujourd'hui et 3 demain, combien en aurai-je?

— J'ai 8 bonbons, on m'en a donné encore 3 ; combien en ai-je?

— J'avais 4 lignes à apprendre, on m'en a redonné 5 ; combien dois-je en apprendre maintenant?

— J'ai donné hier 4 sous aux pauvres et 4 aujourd'hui ; combien en ai-je donné?

— J'ai lu 6 pages hier et 6 aujourd'hui ; combien cela fait-il?

— Il y avait 6 maisons dans un hameau, on en a rebâti 5 ; combien y en a-t-il?

— Une pauvre femme a reçu, en demandant l'aumône, 4 sous hier et 6 aujourd'hui ; combien a-t-elle?

— J'ai dans ma poche une pièce de 10 sous et j'y remets encore 2 sous ; combien cela fait-il?

— J'ai une pièce de 10 sous, on me donne encore 3, 4, 5, 6 sous, etc.

— J'ai deux pièces de 10 sous ; combien ai-je de sous?

Exercice sur les monnaies.

Cet exercice est un de ceux qui intéressent le plus les enfants ; c'est pourquoi nous nous en servirons fréquemment. Mais on ne peut pas ici lui donner une grande extension, parce que les nombres que les enfants connaissent sont très-bornés ; mais dans le deuxième cours on s'en servira d'une manière plus étendue. On a des fiches ou jetons de différentes couleurs auxquels on donne les valeurs de diverses monnaies ; mais il est nécessaire que cette valeur soit indiquée d'une manière sensible par le moyen de traits. Les sous sont marqués de cinq raies qui indiquent les centimes. Les autres pièces, telles que celles de 5, 10, 15 et 20 sous, sont marquées d'autant de raies qu'elles contiennent de sous (1).

On peut faire de cet exercice un jeu très-amusant, en faisant des achats et des ventes simulés, ou d'autres exercices que je laisse à l'instituteur le soin de développer.

QUATRIÈME EXERCICE.

Composer un nombre avec deux autres de toutes les manières possibles.

Donnez deux nombres qui fassent ensemble 4.

---

(1) On trouve chez l'auteur tous les objets relatifs à son cours d'arithmétique, rue de la Harpe, n° 117 ; et dans l'institution de M. Boniface, rue de Touraine, près l'Ecole de Médecine.

Deux autres dont la somme (1) soit 5, puis 6, 7, 8, 9, 10.

Répétition simultanée.

On disposera les boules de l'arithmomètre de la manière suivante :

```
o o o o       o
o o o       o o
o o       o o o
o       o o o o
```

Les élèves disent :

4 boules et 1 boule font 5 boules.
3 . . . . 2 boules . . . 5
2 . . . . . . 3 5
1 boule et 4 5

On leur fera ensuite répéter de tête toutes les manières de composer 5 avec 2 nombres, et ils viendront tour à tour à l'arithmomètre en indiquer une.

On continuera cet exercice sur tous les autres nombres jusqu'à 10, ainsi qu'il suit :

1 plus 5 font 6.	4 plus 2 font 6.
2 . . . 4 . . . 6.	5 . . . 1 . . . 6.
3 . . . 3 . . . 6.	
1 plus 6 font 7.	4 plus 3 font 7.
2 . . . 5 . . . 7.	5 . . . 2 . . . 7.
3 . . . 4 . . . 7.	6 . . . 1 . . . 7.

---

(1) On dit à l'enfant que la somme de deux nombres est ce que l'on reçoit quand on les a ajoutés.

1 plus 7 font 8.		5 plus 3 font 8.	
2 . . . 6 . . . 8.		6 . . . 2 . . . 8.	
3 . . . 5 . . . 8.		7 . . . 1 . . . 8.	
4 . . . 4 . . . 8.			

1 plus 8 font 9.	5 plus 4 font 9.
2 . . . 7 . . . 9.	6 . . . 3 . . . 9.
3 . . . 6 . . . 9.	7 . . . 2 . . . 9.
4 . . . 5 . . . 9.	8 . . . 1 . . . 9.

1 plus 9 font 10.	6 plus 4 font 10.
2 . . . 8 . . . 10.	7 . . . 3 . . . 10.
3 . . . 7 . . . 10.	8 . . . 2 . . . 10.
4 . . . 6 . . . 10.	9 . . . 1 . . . 10.
5 . . . 5 . . . 10.	

On sera peut-être étonné que je considère les deux expressions 2 plus 4 et 4 plus 2, comme deux manières différentes d'exprimer le nombre 6 ; mais pour l'esprit de l'enfant, ces deux expressions ne sont point les mêmes ; c'est pourquoi il faut l'habituer à les considérer comme absolument semblables, lui faire sentir qu'il n'y a réellement que trois manières de composer 6 ; trois pour 7 ; quatre pour 8 et pour 9 ; cinq pour 10.

On continuera ici l'exercice sur les monnaies, en faisant composer un nombre avec des pièces et des sous ou des centimes. On dit, par exemple, je vais chez un marchand acheter quelque chose pour 13 sous, comment puis-je le payer si je n'ai que des pièces de 2, de 5 et de 10 sous, et des sous?

CINQUIÈME EXERCICE.

Addition de trois nombres et plus.

Observation. Ces questions sont, ainsi que les précédentes, adressées à tous les élèves (voyez les observations du troisième exercice). Chaque élève doit donner une question analogue à celle que le maître a proposée, et qui sera de même cherchée par tous.

Lorsqu'une question est résolue, il est bon de faire répéter simultanément les nombres que l'on a additionnés et leur somme. Ainsi, pour la question suivante, ils diront : 3 plus 3 font 6 ; 6 plus 4 font 10.

— J'ai dépensé avant-hier 3 sous, hier 3, et aujourd'hui 4 ; combien en ai-je dépensé ?

— J'ai écrit une fois 3 lignes, une autre fois 4, et une autre fois 2 ; combien en ai-je écrit ?

— J'avais 4 dragées, on m'en a donné 3, plus 3 ; combien en ai-je ?

— Une pauvre femme a reçu, en demandant l'aumône, 6 sous, puis 2 sous, puis encore 2 ; combien a-t-elle reçu ?

— Combien 2 pommes, 2 pommes, 3 pommes, et 1 pomme, font-elles de pommes ?

Je borne ici ces questions, attendu qu'on peut en trouver facilement de semblables.

SIXIÈME EXERCICE.

Composer un nombre avec trois autres.

Cet exercice se fait de même que le quatrième, qui a pour but la composition d'un nombre avec deux autres.

1° 1 plus 1 plus 2 font 4.

2° 1 plus 1 plus 3 font 5.
1 . . . 2 . . . 2 . . . 5.

3° 1 plus 1 plus 4 font 6.
1 . . . 2 . . . 3 . . . 6.
2 . . . 2 . . . 2 . . . 6.

4° 1 plus 1 plus 5 font 7.
1 . . . 2 . . . 4 . . . 7.
1 . . . 3 . . . 3 . . . 7.
2 . . . 2 . . . 3 . . . 7.

5° 1 plus 1 plus 6 font 8.
1 . . . 2 . . . 5 . . . 8.
1 . . . 3 . . . 4 . . . 8.
2 . . . 2 . . . 4 . . . 8.
3 . . . 2 . . . 3 . . . 8.

6° 1 plus 1 plus 7 font 9.
1 . . . 2 . . . 6 . . . 9.
1 . . . 3 . . . 5 . . . 9.
1 . . . 4 . . . 4 . . . 9.
2 . . . 3 . . . 4 . . . 9.
3 . . . 3 . . . 3 . . . 9.
5 . . . 2 . . . 2 . . . 9.

7° 1 plus 1 plus 8 font 10.
1 . . . 2 . . . 7 . . . 10.
1 . . . 3 . . . 6 . . . 10.
1 . . . 4 . . . 5 . . . 10.
2 . . . 3 . . . 5 . . . 10.
3 . . . 3 . . . 4 . . . 10.
3 . . . 5 . . . 2 . . . 10.
4 . . . 4 . . . 2 . . . 10.
6 . . . 2 . . . 2 . . . 10.

Après avoir fait répéter une manière de composer un nombre, il faut intervertir l'ordre des nombres composants, sans changer les boules. Ainsi, par exemple, après avoir fait répéter 2 plus 3, plus 4, font 9, on dira sur la même ligne : 4 plus 3, plus 2, font 9 ; 3 plus 2, plus 4, font 9 ; 4 plus 3, plus 2, font 9.

§ II.

Le deuxième paragraphe, qui comprend les exercices sur la soustraction et la combinaison de cette opération avec l'addition, présente les exercices suivants :

Sommaire des Exercices.

1.° Retrancher un nombre d'un autre. — 2° Voir combien il faut ajouter à un nombre ou en retrancher pour avoir un nombre donné. — 5° Des nombres pairs et des nombres impairs. — 4° Comparer deux nombres et en déterminer la différence. — 5° Combinaisons de l'addition et de la soustraction.

Observation. Il faut avoir soin de revenir souvent sur les exercices d'addition, et faire ajouter au reste le nombre qu'on avait retranché, ou retrancher le nombre que l'on avait ajouté. Ainsi, par exemple, après avoir fait dire : 4 plus 4 font 8, 8 plus 4 font 12, 12 plus 4 font 16, on fera dire : 16 moins 4 font 12, 12 moins 4 font 8, 8 moins 4 font 4. Cet exercice a l'avantage de faire considérer de bonne heure ces deux opérations comme inverses l'une de l'autre.

PREMIER EXERCICE.

Retrancher un nombre d'un autre.

Répétition simultanée.

10 boules moins 1 boule font 9 boules.
9 . . . . 1 8
8 . . . . 1 7
7 . . . . 1 6
6 . . . . 1 . . . . 5, etc.

5 moins 1 font 4. 4 plus 1 font 5.
5 . . . . 2 . . . 3. 3 . . . 2 . . . 5.
5 . . . . 3 . . . 2. 2 . . . 3 . . . 5.
5 . . . . 4 . . . 1. 1 . . . 4 . . . 5.

6 moins 1 font 5. 5 plus 1 font 6.
6 . . . . 2 . . . 4. 4 . . . 2 . . . 6.
6 . . . . 3 . . . 3. 3 . . . 3 . . . 6.
6 . . . . 4 . . . 2. 2 . . . 4 . . . 6.
6 . . . . 5 . . . 1. 1 . . . 5 . . . 6.

7 moins 1 font 6. 6 plus 1 font 7.
7 . . . . 2 . . . 5. 5 . . . 2 . . . 7.
7 . . . . 3 . . . 4. 4 . . . 3 . . . 7.
7 . . . . 4 . . . 3. 3 . . . 4 . . . 7.
7 . . . . 5 . . . 2. 2 . . . 5 . . . 7.
7 . . . . 6 . . . 1. 1 . . . 6 . . . 7.

Faites toujours l'opération inverse.

8 moins 1 font 7.
8 . . . . 2 . . . 6.
8 . . . . 3 . . . 5.
8 . . . . 4 . . . 4.

8 moins 5 font 3.
8 . . . . 6 . . . 2.
8 . . . . 7 . . . 1.

9 moins 1 font 8.
9 . . . . 2 . . . 7.
9 . . . . 3 . . . 6.
9 . . . . 4 . . . 5.

9 moins 5 font 4.
9 . . . . 6 . . . 3.
9 . . . . 7 . . . 2.
9 . . . . 8 . . . 1.

10 moins 1 font 9.	10 moins 5 font 5.
10 . . . . 2 . . . 8.	10 . . . . 6 . . . 4.
10 . . . . 3 . . . 7.	10 . . . . 7 . . . 3.
10 . . . . 4 . . . 6.	10 . . . . etc.
10 moins 2 font 8.	6 moins 2 font 4.
9 . . . . 2 . . . 7.	5 . . . . 2 . . . 3.
8 . . . . 2 . . . 6.	4 . . . . 2 . . . 2.
7 . . . . 2 . . . 5.	3 . . . . 2 . . . 1.
10 moins 3 font 7.	6 moins 3 font 3.
9 . . . . 3 . . . 6.	5 . . . . 3 . . . 2.
8 . . . . 3 . . . 5.	4 . . . . 3 . . . 1.
7 . . . . 3 . . . 4.	
10 moins 4 font 6.	7 moins 4 font 3.
9 . . . . 4 . . . 5.	6 . . . . 4 . . . 2.
8 . . . . 4 . . . 4.	5 . . . . 4 . . . 1.

On retranchera de même 5, 6, 7, 8, 9. Mais il ne faut pas attendre pour proposer des applications que l'enfant soit très-fort sur les exercices précédents. Il faut les entremêler, et faire au commencement de chaque leçon une répétition simultanée, qui sera suivie des applications.

Applications.

— J'avais 10 sous, j'en ai dépensé 1, 2, 3, 4, 5; combien en reste-t-il?

— Il y avait 10 oiseaux sur un arbre, il s'en est envolé 4; combien en est-il resté?

— On donne à un enfant 7 dragées, il en mange 2.

— Il y avait à un habit 10 boutons, on en a perdu 3.

— Je devais écrire 6 lignes, j'en ai écrit 4; combien en reste-t-il?

— On devait me mener au spectacle dans 8 jours, il y en a déjà 5 de passés ; combien dois-je encore attendre?

— Un enfant a 6 ans, quel âge avait-il il y a 3 ans?

— Il y avait dans un hameau 8 maisons, dont 3 ont été brûlées ; combien en reste-t-il?

— J'avais 10 sous, j'en dépense une fois 2 et une autre fois 3.

— Je devais à quelqu'un 9 francs, je lui donne une fois 3 fr. et une autre fois 4 ; combien dois-je encore?

— On m'avait donné 7 lignes à écrire, j'en ai fait hier 3 et aujourd'hui 3.

— J'avais 10 dragées, j'en donne 2, j'en mange 2, j'en perds 2 ; combien en reste-t-il?

On proposera un grand nombre de questions analogues ; ce n'est que par des exercices fréquents que l'on parviendra à familiariser l'enfant sur ces combinaisons.

DEUXIÈME EXERCICE.

Voir combien il faut ajouter à un nombre ou en retrancher, pour avoir un nombre indiqué.

On pose sur l'arithmomètre deux nombres inégaux, et l'on demande combien il faut ajouter au plus petit pour les rendre égaux, ou combien il faut retrancher du plus grand pour établir de même cette égalité.

D'abord la différence sera 1, et on l'augmentera progressivement.

Cet exercice se faisant sur l'arithmomètre, ne présente aucune difficulté ; mais on proposera ensuite les mêmes questions à chercher sans le secours des boules, et les enfants viendront tour à tour en faire la démonstration.

Combien faut-il ajouter à 9 pour avoir 10 ?

à 5 pour avoir 6.	à 7 pour avoir 8.
. 8 . . . . 9.	. 3 . . . . 4, etc.
à 2 pour avoir 4.	à 5 pour avoir 7.
. 4 . . . . 6.	. 8 . . . . 10, etc.
à 3 pour avoir 6.	à 5 pour avoir 8.
. 4 . . . . 7.	. 7 . . . . 10, etc.
à 5 pour avoir 10.	à 8 pour avoir 10.
. 6 . . . . 10.	. 9 . . . . 10, etc.
. 7 . . . . 10.	
à 4 pour avoir 10.	à 2 pour avoir 10.
. 3 . . . . 10.	. 1 . . . . 10, etc.
à 4 pour avoir 8.	à 6 pour avoir 8.
. 5 . . . . 8.	. 7 . . . . 8, etc.
à 3 pour avoir 8.	à 1 pour avoir 8, etc.
. 2 . . . . 8.	
à 5 pour avoir 9.	à 7 pour avoir 9, etc.
. 6 . . . . 9.	
à 5 pour avoir 10.	à 5 pour avoir 7.
. 5 . . . . 9.	. 5 . . . . 6, etc.
. 5 . . . . 8.	
à 10 pour avoir 12.	à 7 pour avoir 12.
. 9 . . . . 12.	. 6 . . . . 12, etc.
. 8 . . . . 12.	

à 10 pour avoir 20.	à 13 pour avoir 20.
. 11 . . . . 20.	. . 14 . . . . 20, etc.
. 12 . . . . 20.	

à 10 pour avoir 20.	à 10 pour avoir 18.
. 10 . . . . 19.	. 10 . . . . 17, etc.

à 10 pour avoir 15.	à 8 pour avoir 15.
. 9 . . . . 15.	. 7 . . . . 15, etc.

à 10 pour avoir 15.	à 12 pour avoir 15.
. 11 . . . . 15.	. 12 . . . . 16, etc.
. 11 . . . . 16.	

à 15 pour avoir 20.	à 18 pour avoir 20.
. 16 . . . . 20.	. 19 . . . . 20, etc.
. 17 . . . . 20.	

On fera de même chercher combien il faut retrancher d'un nombre pour avoir un nombre donné. C'est l'exercice inverse des précédents.

Combien faut-il ôter de 10 pour qu'il reste 9?

de 10 pour avoir 8.	de 10 pour avoir 6.
. . 10 . . . . 7.	. . 10 . . . . 5, etc.

de 9 pour avoir 8.	de 9 pour avoir 6.
. . 9 . . . . 7.	. . 9 . . . . 5, etc.

de 8 pour avoir 7.	de 8 pour avoir 5.
. . 8 . . . . 6.	. . 8 . . . . 4, etc.

de 7 pour avoir 6.	de 7 pour avoir 4.
. . 7 . . . . 5.	. . 7 . . . . 3, etc.

de 11 pour avoir 10.	de 14 pour avoir 10.
. . 12 . . . . 10.	. . 15 . . . . 10, etc.
. . 13 . . . . 10.	

de 20 pour avoir 19.	de 20 pour avoir 16.
. . 20 . . . . 18.	. . 20 . . . . 15, etc.
. . 20 . . . . 17.	

Il est nécessaire que toutes ces combinaisons se fassent d'abord sur l'arithmomètre et ensuite de tête.

— J'ai promis à un enfant 10 sous, je ne lui en ai donné que 6 ; combien lui en dois-je encore ?

— Si vous avez 5 pommes et votre frère 9 ; combien faut-il vous en donner pour que vous en ayez autant l'un que l'autre ?

— Vous avez 6 ans ; dans combien d'années aurez-vous 9 ans ?

— Vous avez 5 ans ; dans combien d'années en aurez-vous 10, 11, 12 ?

— J'achète chez un marchand quelque chose qui me coûte 14 sous, je lui donne une pièce de 10 sous ; combien dois-je encore lui donner ?

On peut faire cet exercice avec des pièces ; ce qui intéresse beaucoup les enfants. On leur donne une pièce de 10 sous et on leur dit de rendre ce qu'il faut pour qu'ils ne gardent que 9, 8, 7, 6 sous, etc.

On donne de même une pièce de 20 sous, et l'on demande combien ils rendront si l'on ne doit que 15, 16, 17, 18, 19 sous.

Je pense deux nombres qui font ensemble 9 ; le premier est 5, quel est l'autre ?

Je pense deux nombres qui font ensemble 10 ; l'un est 6, quel est l'autre ?

Deux nombres font ensemble 7 ; l'un est 4, quel est l'autre ?

Deux nombres font ensemble 10; quels peuvent-ils être?

Deux nombres égaux font ensemble 4, 6, 8, 10, 12; quels sont-ils?

Trois nombres font ensemble 9; le premier est 5, le deuxième est 3; quel est l'autre?

Observation. Pour faciliter à l'élève la recherche de ces sortes de questions, il doit poser sur l'arithmomètre la somme indiquée; puis il en sépare le nombre connu, et voit quel est l'inconnu. Lorsqu'il doit chercher deux nombres égaux, il pose de même la somme, et la sépare en deux parties égales.

TROISIÈME EXERCICE.

Des nombres pairs et des nombres impairs.

La connaissance des nombres pairs et des nombres impairs appartient plutôt à la division qu'à la soustraction; mais l'exercice précédent y conduit naturellement en faisant composer un nombre avec deux autres nombres égaux. Il ne reste donc plus qu'à dire à l'enfant que les nombres qu'il peut composer avec deux nombres égaux s'appellent *nombres pairs*, et que ceux qu'il ne peut pas composer de cette manière s'appellent nombres *impairs*. Pour que cette explication fût plus rigoureuse, il faudrait ajouter que les nombres égaux doivent être entiers; mais l'enfant n'ayant pas encore l'idée de fractions, ne peut pas concevoir un nombre entier. Il faut tâcher de le lui faire comprendre en s'y prenant de la manière suivante : on a des objets mobiles dont on prend un certain nombre ; on les fait compter et séparer en deux groupes égaux ; s'il n'en reste point, c'est que le nombre est *pair* ; s'il en reste un, il est *impair*. On fera aussi comprendre que le nombre impair pourrait être séparé en deux portions égales en prenant la moitié de l'objet qui est resté. Mais on dira que le nombre pair peut être séparé en deux parties égales et entières ; ce qui n'a point lieu si l'on est obligé de partager un de ces objets. Si l'enfant avait de la peine à comprendre cette explication, on se contenterait de lui dire que le nombre pair est celui que l'on peut séparer en deux parties égales sans reste.

Pour le fortifier sur la différence de ces espèces de nombres, on continuera l'exercice de la manière suivante :

Donnez un nombre pair et prouvez qu'il est tel.

Donnez de même un nombre impair.

Donnez un nombre pair plus grand ou plus petit que 6.

Donnez de même un nombre impair.

Donnez un nombre pair entre 6 et 10, entre 8 et 10, etc.

Donnez un nombre impair entre 7 et 12, entre 8 et 10, entre 7 et 9, entre 8 et 9, etc.

On peut faire sur les nombres pairs un petit jeu très-connu, qui consiste à prendre dans sa main un certain nombre d'objets ; l'enfant dit au hasard s'il croit que ce nombre est pair, et il le vérifie ensuite lui-même.

QUATRIÈME EXERCICE.

Comparer deux nombres sous le rapport de leur grandeur, et en déterminer la différence.

— Si vous avez 4 sous et votre frère 4, lequel des deux en a le plus? *R.* Nous en avons autant l'un que l'autre.

— Mais si vous en aviez 5 et votre frère 4, combien en auriez-vous de plus que lui? *R.* 1. (L'enfant place sur l'arithmomètre les deux nombres, l'un au dessous de l'autre.)

— Et si vous en aviez 6, combien en auriez-vous de plus? *R.* 2.

On proposera beaucoup de questions analogues sur des nombres dont la différence soit 1, 2, 3.

Répétition simultanée.

On place sur l'arithmomètre 5 et 4, et ils disent:

5 est de 1 plus grand que 4. 4 est de 1 plus petit que 5.

On retire successivement une boule des 4.

5 est de 2 plus grand que 3.	3 est de 2 plus petit que 5.
5 . . . . 3 . . . . 2.	2 . . . . 3 . . . . 5.
5 . . . . 4 . . . . 1.	1 . . . . 4 . . . . 5.
6 est de 1 plus grand que 5.	5 est de 1 plus petit que 6.
6 . . . . 2 . . . . 4.	4 . . . . 2 . . . . 6.
6 . . . . 3 . . . . 3.	3 . . . . 3 . . . . 6.
7 est de 1 plus grand que 6.	6 est de 1 plus petit que 7.
7 . . . . 2 . . . . 5.	5 . . . . 2 . . . . 7.
7 . . . . 3 . . . . 4.	4 . . . . 3 . . . . 7.
11 est de 1 plus grand que 10.	10 est de 1 plus petit que 11.
12 . . . . 2 . . . . 10.	10 . . . . 2 . . . . 12.

13 est de 3 plus grand que 10.	10 est de 3 plus petit que 13.
14 . . . . 4 . . . . 10.	10 . . . . 4 . . . . 14.
15 est de 1 plus grand que 14.	14 est de 1 plus petit que 15.
15 . . . . 2 . . . . 13.	13 . . . . 2 . . . . 15.
15 . . . . 3 . . . . 12.	12 . . . . 3 . . . . 15.
15 . . . . 4 . . . . 11.	11 . . . . 4 . . . . 15.
15 . . . . 5 . . . . 10.	10 . . . . 5 . . . . 15.

En reprenant ces répétitions, on substituera aux expressions *plus grand* et *plus petit*, celle de *différence*.

On fera donc dire :

La différence entre 4 et 5 est 1.
. . . . 3 .. 5 . . 2, etc.

Applications.

— Vous avez 7 ans et votre frère 10; de combien est-il plus âgé?

— Vous avez 2 pieds et votre papa en a 5; de combien est-il plus grand?

— Jules a gagné 7 sous et Charles 5; quelle différence y a-t-il entre ce que vous avez?

— On a donné à Jules 6 sous hier et 10 aujourd'hui; combien lui en a-t-on donné de plus qu'hier?

— Il est 9 heures, et ma montre en marque 11; de combien avance-t-elle?

— Il est 11 heures, et ma montre en marque 8; de combien retarde-t-elle?

On proposera beaucoup de questions analogues aux précédentes. Elles sont semblables aux autres questions de soustraction.

Observation. Si l'on propose, par exemple, de chercher

la différence entre 7 et 15, l'élève dira : de 7 pour aller à 10, il y a 3 ; de 10 pour aller à 15, il y a 3, donc la différence est 6 entre 7 et 15. Il le démontrera sur l'arithmomètre, en plaçant 15 dont il séparera 7. . . . . .

Pour combiner plus facilement les nombres au dessus de 10, par une opération quelconque, il faut toujours les comparer à un nombre exact de dizaines. Par exemple, si l'on veut chercher la différence entre 8 et 22, l'enfant dira : de 8 pour aller à 10, il y a 2 ; de 10 pour aller à 20, il y a 10 ; de 20 pour aller à 22, il y a 2. 10 plus 2, plus 2 font 14. Cela a en outre l'avantage de le préparer à la numération.

CINQUIÈME EXERCICE.

Combinaison de l'addition et de la soustraction.

— J'avais 10 sous, j'en dépense 5 et l'on m'en donne 3 ; combien en ai-je ?

— Un berger a 8 moutons et 2 chiens ; le loup mange 3 moutons ; combien lui reste-t-il d'animaux ?

— On avait donné à un enfant 12 lignes à apprendre ; il en a récité 6 et on lui en a redonné 3 ; combien doit-il en apprendre ?

— Une personne reçoit 3 lettres, une de 6 sous, une de 3 et une de 4 ; cette personne donne une pièce de 10 sous ; combien doit-elle encore ?

— Deux courriers partent en même tems de Paris et de côtés opposés ; l'un fait 5 lieues et l'autre 6 ; à quelle distance sont-ils l'un de l'autre ?

— J'avais 12 sous, j'en dépense 3, j'en donne 3 aux pauvres et l'on m'en redonne encore 5.

— On me donne 15 sous, j'en dépense 10, on

m'en donne encore 4, et j'en dépense de nouveau 6.

Combien font	5	plus	5	moins	6.
....	3	...	7	.....	9.
....	6	...	6	.....	3.
....	8	...	3	.....	5.
....	6	...	4	.....	3.
....	4	...	4	.....	6.
....	7	...	3	.....	4.
....	7	...	4	.....	3.
....	6	...	4	.....	2.
....	5	...	4	.....	6.
....	3	...	3	.....	5.
....	4	...	4	.....	6.
....	5	...	5	.....	8.
....	3	...	4	.....	5., etc.

Combien font	3	plus	3	plus	3	moins	6.
....	3	...	4	...	3	....	5.
....	7	...	3	...	3	....	4.
....	6	...	2	...	2	....	7.
....	5	...	3	...	3	....	6.
....	10	...	3	...	3	....	7.
....	5	...	5	...	5	....	6.
....	8	...	4	...	3	....	4.
....	7	...	7	...	3	....	4.
....	8	...	8	...	4	....	5.
....	12	...	2	...	2	....	6.

Combien font	10	moins	5	moins	3	plus	2.
....	7	....	3	....	3	....	1.
....	8	....	4	....	4	....	2.
....	7	....	5	....	2	....	7.
....	3	plus	3	....	4	....	2.
....	9	moins	4	....	4	....	9.
....	10	....	4	....	4	....	6.
....	12	....	6	....	5	....	12.
....	12	....	3	....	3	....	4.
....	7	plus	4	plus	7	moins	8.

Combien font	7	plus	4	plus	7	moins	9.
. . . .	10	. . . .	3	moins	4	plus	9.
. . . .	10	. . . .	3	. . . .	4	. . . .	10.
. . . .	11	moins	4	. . . .	3	moins	3.
. . . .	10	. . . .	2	. . . .	2	. . . .	2.

Combien font :

10	moins	3	moins	3	moins	3	plus	3.
8	. . . .	2	. . . .	2	plus	2	. . . .	5.
5	. . . .	4	plus	3	. . . .	3	moins	5.
8	. . . .	3	moins	3	. . . .	4	plus	4.
7	plus	7	. . . .	3	. . . .	3	moins	3.
10	moins	2	. . . .	2	moins	2	plus	5.
12	. . . .	3	. . . .	3	. . . .	3	moins	3.
12	. . . .	6	. . . .	4	plus	5	plus	2.
12	. . . .	5	. . . .	4	. . . .	3	. . . .	4.
12	. . . .	4	. . . .	4	moins	4	. . . .	10.
8	. . . .	7	plus	8	plus	3	moins	7.
15	. . . .	5	moins	5	moins	5	plus	11.

§ III.

Le troisième paragraphe renferme les exercices sur la multiplication et comprend les suivants :

1° Préparation aux exercices de multiplication. — 2° Commencement de la table de multiplication. — 3° Applications diverses. — 4° Exercice sur les dizaines. — 5° Combinaison de l'addition, soustraction et multiplication.

Observation. La multiplication présente des applications très-variées, et qui attachent les enfants plus que les précédentes ; elle peut fournir des jeux très-intéressants. Pour proposer des applications, il ne faut point attendre que l'enfant sache entièrement sa table de multiplication ; c'est par le grand nombre de ces applications qu'il doit l'apprendre. L'exercice sur les dizaines doit le préparer peu à peu à la numération, et il doit y apprendre à connaître des nombres plus forts que ceux qu'il a déjà appris. On doit cependant se diriger pour cela d'après son âge. Il serait absurde de mettre de grands nombres dans la tête d'un enfant de trois à quatre ans, à moins qu'il n'eût des dispositions extraordinaires ; mais, s'il a six à sept ans, et si son intelligence est assez développée, on peut aller jusqu'à cinquante, et même jusqu'à cent, en bornant toutefois les autres exercices aux petits nombres. On ne lui apprend à connaître ceux qui sont au delà de 20 que pour qu'il ait une idée de ces nombres, qu'il a occasion d'entendre prononcer à chaque instant, et pour qu'il ne se fasse pas de ces mêmes nombres des idées monstrueuses ; car combien d'enfants croient que *cent* est le *nec plus ultrà*, et s'en servent pour désigner une quantité immense. C'est pour eux un mot dont ils ont une idée fausse, qu'il faut détruire ; on le peut facilement, en leur faisant comparer ce nombre avec un autre nombre infiniment plus grand. Par exemple, faire compter 100 petites graines d'un sac, et faire comparer cette quantité de *cent* avec la totalité. Ils verraient alors qu'il y a bien des nombres au delà de *cent*. Il ne faut point songer maintenant à les faire compter jusqu'à *mille*, mais il serait cependant nécessaire de leur faire sentir que ce nombre, dont ils se font aussi une idée monstrueuse, est loin d'être le dernier. Le maître formera *dix tas, de cent graines chacun*, fera compter le nombre de fois *cent*, et dira que ce nombre est *mille*. En répétant cette observation de temps en temps, elle se gravera dans l'esprit de l'enfant ; mais remarquez bien que je ne dis point de le faire compter jusque là ; c'est uniquement pour lui faire comparer ce nombre avec d'autres, beaucoup plus forts.

PREMIER EXERCICE.

Préparation à la table de multiplication.

— Si l'on vous donne 2 sous aujourd'hui et 2 demain ; combien en aurez-vous?

Même question, si l'on en donne encore 2 le surlendemain, et ainsi de suite, en ajoutant successivement 2 au nombre trouvé.

A mesure que l'on ajoute une nouvelle quantité, il faut avoir soin de faire observer le nombre de fois *deux*, et de faire remarquer qu'il y en a autant que de jours. On rendra ceci sensible en plaçant des jetons dans l'ordre suivant :

o o o o o o
oo oo oo oo oo oo

Le premier rang indique les jours, le second le nombre de sous. Il en sera de même pour toute autre question. Par exemple, si une orange coûte 2 sous, combien coûteront 6 oranges? Le premier rang représentera les oranges. On remplacera les deux sous du second par des trois ou des quatre, suivant le nombre que l'on voudra répéter.

Si l'on avait un certain nombre d'enfants et qu'on ne pût se servir de jetons, il faudrait placer des points sur le tableau noir dans l'ordre dans lequel ils sont placés ici, ou bien on pourrait faire cet exercice sur le premier tableau placé à la fin de ce volume. Le premier rang indiquera le nombre d'oranges, de jours, etc. ; c'est le *multiplicateur*. Les autres rangs de

2, 3, 4, etc., indiqueront le nombre à répéter; ce sont les *multiplicandes*.

Sur ces rangs de différents nombres on fera faire les répétitions suivantes, que l'on tâchera de graver dans l'esprit par des questions analogues aux précédentes; comme, par exemple : Un sou vaut quatre liards; combien vaudront 2 sous, 3 sous, 4 sous, etc.?

Répétition simultanée.

```
2 plus 2 font  4.    dans  4 il y a 2 fois 2.
 4 . . 2 . .  6.    . . .  6 . . 3 . . 2.
 6 . . 2 . .  8.    . . .  8 . . 4 . . 2.
 8 . . 2 . . 10.    . . . 10 . . 5 . . 2.
10 . . 2 . . 12.    . . . 12 . . 6 . . 2.
12 . . 2 . . 14.    . . . 14 . . 7 . . 2, etc.
```

Compter de 2 en 2 en commençant par 1.

```
1 plus 2 font 3.         3 moins 2 font 1.
3 . . 2 . .   5.         5 . . . 2 . . 3.
5 . . 2 . .   7.         7 . . . 2 . . 5.
7 . . 2 . .   9.         9 . . . 2 . . 7.
9 . . 2 . .  11, etc.   11 . . . 2 . . 9.
```

```
3 plus 3 font  6.    dans  6 il y a 2 fois 3.
 6 . . 3 . .  9.    . . .  9 . . 3 . . 3.
 9 . . 3 . . 12.    . . . 12 . . 4 . . 3.
12 . . 3 . . 15.    . . . 15 . . 5 . . 3, etc.
```

De 3 en 3 en commençant par 2 et par 1.

```
2 plus 3 font  5.        1 plus 3 font  4.
 5 . . 3 . .   8.        4 . . 3 . .   7.
 8 . . 3 . .  11.        7 . . 3 . .  10.
11 . . 3 . .  14, etc.  10 . . 3 . .  13, etc.
```

4 plus 4 font	8.	dans	8 il y a 2 fois 4.		
8 . . 4 . .	12.	. . .	12 . . 3 . . 4.		
12 . . 4 . .	16.	. . .	16 . . 4 . . 4, etc.		

De 4 en 4 en commençant par 1, 2, 3.

3 plus 4 font 7.	2 plus 4 font 6.
7 . . 4 . . 11.	6 . . 4 . . 10.
11 . . 4 . . 15, etc.	10 . . 4 . . 14, etc.

1 plus 4 font 5.
5 . . . 4 . . . 9.
9 . . . 4 . . . 13.

On fera de même compter de 5 en 5, 6 en 6, 7 en 7, 8 en 8, 9 en 9, en se bornant toujours au nombre *vingt*.

DEUXIÈME EXERCICE.

Commencement de la table de multiplication.

Autres répétitions.

2 fois 1 font 2.	1 fois 2 font 2.
2 . . 2 . . 4.	2 . . 2 . . 4.
2 . . 3 . . 6.	3 . . 2 . . 6.
2 . . 4 . . 8.	4 . . 2 . . 8.
. . . .	. . . .
2 . . 10 . . 20.	10 . . 2 . . 20.

— Si une orange coûte 2 sous, combien coûteront 4 oranges?

— Si une orange coûte 4 sous, que coûteront 2 oranges?

— J'ai reçu 2 lettres qui me coûtent chacune 3 ou 4, 5, 6, 7, 8 sous; combien ai-je payé?

— Si une personne mange 2 livres de pain par jour, combien 2 ou 3, 4, 5, 6, 7 personnes, etc., en mangeront-elles?

Et autres questions analogues sur la multiplication des 2.

3 fois 1 font 3.	1 fois 3 font 3.
3 . . 2 . . 6.	2 . . 3 . . 6.
3 . . 3 . . 9.	3 . . 3 . . 9.
3 . . 4 . . 12.	4 . . 3 . . 12.
3 . . 5 . . 15.	5 . . 3 . . 15.
3 . . 6 . . 18.	6 . . 3 . . 18.

— Si une livre de cerises coûte 3 sous, combien coûteront 2 ou 3, 4, 5, 6 livres?

— Si une livre coûte 2 ou 3, 4, 5, 6 sous, combien coûteront 3 livres?

— Une personne écrit 3 pages dans une heure; combien en écrira-t-elle en 4 heures?

Autres exemples analogues.

4 fois 1 font 4.	1 fois 4 font 4.
4 . . 2 . . 8.	2 . . 4 . . 8.
4 . . 3 . . 12.	3 . . 4 . . 12.
4 . . 4 . . 16.	4 . . 4 . . 16.
4 . . 5 . . 20.	5 . . 4 . . 20.

— Une orange coûte 4 sous; combien couteront 2, 3, 4, 5 oranges?

— Une orange coûte 2 ou 3, 4, 5 sous; combien en coûteront 4?

— Une heure a 4 quarts-d'heure; combien y en a-t-il dans 2, 3, 4, 5 heures, etc.?

5 fois 1 font 5.	1 fois 5 font 5.
5 . . 2 . . 10.	2 . . 5 . . 10.
5 . . 3 . . 15.	3 . . 5 . . 15.
5 . . 4 . . 20.	4 . . 5 . . 20.

— Une orange coûte 5 sous ; combien coûteront 2 ou 3, 4 oranges ?

— Une orange coûte 2 ou 3, 4 sous ; combien en coûteront 5 ?

On se bornera pour le moment à ce que je viens d'indiquer pour la table de multiplication. Il faut présenter un grand nombre d'applications, que l'on aura toujours soin de représenter soit en jetons soit sur l'arithmomètre, ou avec d'autres objets.

Pour intéresser les enfants on peut de temps en temps faire le jeu suivant, qui consiste à les faire compter de deux en deux, de trois en trois, etc., soit dans l'ordre naturel, soit dans un ordre inverse. Chacun doit dire un nombre, et celui qui se trompe doit payer un jeton ou une amende quelconque, que l'on fait suivre de pénitences.

TROISIÈME EXERCICE.

Applications diverses.

— Une lettre coûte 4 sous ; combien coûteront 4 lettres semblables ?

— Une aune de ruban coûte 3 francs ; combien coûteront 4 aunes (il faut expliquer ce que c'est qu'une aune, et donner à l'enfant une idée de sa valeur) ?

— Un courrier fait 2 lieues par heure ; combien en fera-t-il en 6 heures ?

— Vous avez 5 doigts à chaque main et à chaque pied ; combien en avez-vous en tout ?

— Combien 4 chevaux ont-ils de jambes ?

— Combien 6 poules ont-elles de pattes?

— J'écris pendant 3 heures chaque jour; combien aurai-je passé de temps à écrire pendant 2 ou 3, 4, 5, 6 jours?

— Combien 2 ou 3, 4, 5, 6 personnes ont-elles d'yeux, de narines, d'oreilles, de joues, de mains, etc.?

— Un doigt a 3 phalanges; combien 2, 3, 4, 5 doigts en ont-ils?

— On a acheté des petits gâteaux de 3 sous pour 4 enfants; combien ont-ils coûté?

— Combien coûtent 6 brioches de 3 sous?

Les applications de ce genre sont très-variées; mais elles dépendent beaucoup des localités, et un grand nombre de circonstances peuvent fournir des formes de question que l'instituteur ne doit pas négliger.

QUATRIÈME EXERCICE.

Exercice sur les dizaines.

Par l'addition successive de l'unité, on fera compter l'enfant jusqu'à 50, et l'on n'ira plus loin que lorsqu'il connaîtra bien ces nombres. Il est important de l'habituer à compter à rebours. Lorsqu'on a plusieurs enfants, il est bon de leur faire dire à chacun un nombre; cette manière de compter les oblige à faire attention lorsque leur tour arrive. On pourrait même faire de cela un jeu en faisant payer une amende à celui qui se tromperait, comme on l'a déjà fait.

On les fait ensuite compter de 10 en 10, en faisant

déterminer la quantité de dizaines contenues dans un nombre.

Par exemple :

10 et 10 font 20.	dans 20 il y a	deux fois	10.
20 . . 10 . . 30.	. . . 30 . . .	trois . .	10.
30 . . 10 . . 40.	. . . 40 . . .	quatre . .	10.
40 . . 10 . . 50.	. . . 50 . . .	cinq . .	10, etc.

Ensuite 50 moins 10 font 40, 40 moins 10 font 30, 30 moins 10 font 20, 20 moins 10 font 10.

Il faudra de temps en temps remplacer l'expression *dix* par celle de *dizaine*. On apprendra aussi ce que c'est qu'une *douzaine*, et l'usage que l'on fait de cette expression pour la vente de certains objets.

On procédera de la même manière pour les nombres au delà de 50.

On insistera beaucoup sur l'exercice suivant, que l'on peut de même transformer en jeu.

2 fois 10 font 20.	10 fois 2 font 20.
3 . . 10 . . 30.	10 . . 3 . . 30.
4 . . 10 . . 40.	10 . . 4 . . 40.
5 . . 10 . . 50.	10 . . 5 . . 50.
6 . . 10 . . 60.	10 . . 6 . . 60.
7 . . 10 . . 70.	10 . . 7 . . 70.
8 . . 10 . . 80.	10 . . 8 . . 80.
9 . . 10 . . 90.	10 . . 9 . . 90.
10 . . 10 . . 100.	

On peut ici exercer l'enfant sur la nouvelle unité de longueur et sur sa division de dix en dix ; mais il faut lui montrer la mesure même. On aura donc un mètre divisé en décimètres et en centimètres (1). On fera

(1) Le mètre est la nouvelle unité des mesures de lon-

observer que le *décimètre* contient dix parties, et l'on demandera combien 2, 3, 4 *décimètres*, etc., font de ces parties. On fera aussi montrer sur la mesure un certain nombre de *centimètres*.

CINQUIÈME EXERCICE.

Combinaison des exercices sur l'addition, la soustraction et la multiplication.

— Quelle est 3 fois la différence qu'il y a entre 4 et 6?

— Quelle est 3 fois la différence qu'il y a entre 5 et 10?

Même question sur :

3	fois la différence qu'il y a entre	7	et	10.
3	. . . .	8	.	12.
3	. . . .	7	.	11.
3	. . . .	5	.	9.
3	. . . .	6	.	12.
3	. . . .	3	.	8, etc.
4	. . . .	3	.	5.
4	. . . .	4	.	8.
4	. . . .	5	.	8, etc.
5	. . . .	7	.	9.
5	. . . .	5	.	8.
5	. . . .	8	.	12, etc.
6	. . . .	10	.	12.
6	. . . .	5	.	8.
6	. . . .	6	.	10, etc.

---

gueur. Comparé à l'ancienne mesure, il a trois pieds un pouce. Il est divisé en dix parties appelées *décimètres*; chaque décimètre en dix autres parties appelées *centimètres*, parce qu'elles en sont la centième partie. Chaque centimètre est encore divisé en dix *millimètres*.

— On me donne 4 sous par jour et j'en dépense 3 tous les jours; combien m'en restera-t-il au bout de 6 jours?

— On me donne 5 sous par jour, et j'en dépense 2; combien m'en restera-t-il au bout de 3 jours?

— On me donne 8 sous par jour; j'en dépense 4, combien m'en restera-t-il au bout de 4 jours?

— J'ai acheté 3 oranges à 3 sous la pièce, et 4 autres oranges à 2 sous; combien ai-je dépensé?

— J'ai acheté 3 oranges à 2 sous, et 5 oranges à 3 sous; combien ai-je dépensé?

— Le médecin a ordonné à un petit garçon de boire pendant 3 jours de la tisane, 2 tasses le matin et 2 tasses le soir; combien en a-t-il bu?

Le médecin a ordonné à un malade de prendre 6 pillules par jour pendant 3 jours; mais au lieu de les prendre toutes, il en jetait 4 par la fenêtre; combien en a-t-il pris?

J'ai promis à un enfant de lui donner 3 dragées par jour s'il était sage, et pendant 6 jours il n'a été bien sage que 3; les autres jours je ne lui en ai donné que 2, combien en a-t-il eues?

§ IV.

EXERCICES SUR LA DIVISION.

Sommaire des Exercices.

1° Exercice sur la moitié. — 2° Sur le tiers. — 3° Sur le quart. — 4° Voir combien un nombre est contenu de fois dans un autre. — 5° Applications diverses. Combinaison de plusieurs opérations.

PREMIER EXERCICE.

Sur la moitié.

On pose sur l'arithmomètre les nombres 2, 4, 6, 8, 10, et l'on dit a l'élève de les partager en deux parties égales, ou d'en prendre la moitié.

— Quelle est la moitié de 2, 4, 6, 8, 10?

— Quelle est la moitié de 3, 5, 7, 9? (Comme l'élève n'a pas encore l'idée des fractions, les nombres impairs sont pour lui des nombres dont on ne peut prendre la moitié.)

On reviendra ici sur l'explication que l'on a donnée des nombres pairs et des nombres impairs, page 23.

Pour faire prendre la moitié de 12, 14, 16, etc., comme ces nombres sont décomposés sur l'arithmomètre en 10 plus 2, 10 plus 4, 10 plus 6, on fera prendre la moitié de 10 et la moitié de 2, de 4, de 6.

— Quelle est la moitié de 12? *R.* 6.

— Dans 12 combien y a-t-il de fois 6? *R.* 2 fois.

— Quelle est la moitié de 14? *R.* 7.

— Dans 14 combien y a-t-il de fois 7?

— Quelle est la moitié de 16? *R.* 8.

— Dans 16 combien y a-t-il de fois 8?

Pourquoi la moitié de 12 est-elle 6? *R.* Parce que la moitié de 10 est 5, et la moitié de 2 est 1; 5 et 1 font 6.

Pourquoi la moitié de 14 est-elle 7? *R.* Parce que

la moitié de 10 est 5, et la moitié de 4 est 2; 5 et 2 font 7, etc.

Nota. Il faut que le nombre dont on prend la moitié soit sur l'arithmomètre. Si l'on se sert de jetons, il sera bon de les disposer de la même manière que les boules, c'est-à-dire d'en mettre 10 sur une ligne et le surplus sur un autre rang. Pour 20 on mettra deux rangs de 10.

— Quelle est la moitié de 20? — 10. — Dans 20 combien y a-t-il de fois 10?

— Quelle est la moitié de 22? — 11. — Pourquoi? Parce que la moitié de 20 est 10, et la moitié de 2 est 1; 10 et 1 font 11.

— Dans 22 combien y a-t-il de fois 11? — 2 fois.

— Quelle est la moitié de 24? — 12. — Pourquoi? Même solution que la précédente.

— Dans 24 combien y a-t-il de fois 12? — 2 fois.

— Combien font 2 fois 6, 2 fois 7, 2 fois 8, 2 fois 9, 2 fois 10, 2 fois 11, 2 fois 12?

Répétition simultanée.

La moitié de		est	dans		il y a	fois	
La moitié de	2	1.	dans	2	il y a	2 fois	1.
....	4	2.	...	4	..	2	2.
....	6	3.	...	6	..	2	3.
....	8	4.	...	8	..	2	4.
....	10	5.	...	10	..	2	5.
....	..	..	...	..	..	..	..
....	24	12.	...	24	..	2	12.

Applications.

— On donne 12 dragées pour deux enfants; combien en auront-ils chacun? — 6.

Même question si l'on en donne 14, 16, 18, etc.

— On a donné à un pauvre 14 sous, et il les a partagés avec un autre ; combien chacun en a-t-il eus?

— On a donné à un enfant 18 lignes à écrire, il les a faites en 2 jours, et autant un jour que l'autre ; combien en a-t-il fait chaque jour?

— Quatre enfants ont le même âge, et ensemble ils ont 16 ans ; quel est l'âge de chacun?

DEUXIÈME EXERCICE.

Sur le tiers.

On pose sur l'arithmomètre les nombres 3, 6, 9, et l'on dit à l'enfant de partager ces nombres en trois parties égales.

— La troisième partie d'une chose s'appelle *le tiers* ; quel est donc le tiers de 3, de 6, de 9?

On fera de même chercher le tiers de 12, de 15 et de 18.

Répétition simultanée.

Le tiers de	3	est 1.	Dans	3	il y a 3 fois	1.
......	6	. 2.	...	6	.. 3 ..	2.
......	9	. 3.	...	9	.. 3 ..	3.
......	12	. 4.	...	12	.. 3 ..	4.
......	15	. 5.	...	15	.. 3 ..	5.
......	18	. 6.	...	18	.. 3 ..	6.

Partagez de même en trois parties égales 4, 5, 7, 8, 10, 11, etc. L'élève ne le pouvant pas, on lui demandera quels sont les nombres dont on peut prendre le tiers et ceux dont on ne peut pas le prendre.

Il est important d'habituer l'enfant à prendre le tiers

des nombres comme 4, 5, 7, etc., sans fraction, mais avec un reste.

Ainsi il dira : le tiers de 3 est 1, le tiers de 4 est 1, et il reste 1, le tiers de 5 est 1 et il reste 2, le tiers de 6 est 2, le tiers de 7 est 2 et il reste 1, etc. Cette habitude lui sera très-utile par la suite.

— On donne 9 dragées pour 3 enfants; combien chacun en a-t-il?

Même question si l'on en donne 12, 15, 18.

— On a donné à un pauvre 12 sous, il les a partagés avec deux autres pauvres; combien chacun en a-t-il?

— Trois personnes ont payé ensemble 15 fr. pour une voiture; combien chacune a-t-elle payé, etc.?

TROISIÈME EXERCICE.

Sur le quart.

On pose sur l'arithmomètre les nombres 4, 8, 12, 16, 20, et l'on dit à l'enfant de partager chacun de ces nombres en quatre parties égales. Il faut l'exercer à le faire avec facilité.

La quatrième partie d'une chose s'appelle *quart*.

— Quel est le quart de 4, de 8, de 12, de 16, de 20?

Répétition simultanée.

Le quart de	4	est	1.	dans	4	il y a 4 fois	1.
. . . .	8	. .	2.	. . .	8	. . 4 . .	2.
. . . .	12	. .	3.	. . .	12	. . 4 . .	3.
. . . .	16	. .	4.	. . .	16	. . 4 . .	4.
. . . .	20	. .	5.	. . .	20	. . 4 . .	5.

Partagez de même en quatre parties égales 5, 6, 7, 9, 10, 11, 13, 14, 15, etc. L'élève ne le pouvant pas, on lui demandera quels sont les nombres dont on peut prendre le quart sans reste, et quels sont ceux dont on ne peut pas le prendre de cette manière.

On l'habituera de même à prendre le quart des nombres tels que 5, 6, 7, etc., avec un reste, comme on l'a fait pour le tiers.

Le quart de	5	est 1	et il reste une	unité.
. . . .	6	. . 1	. . . .	2 unités.
. . . .	7	. . 1	. . . .	3
. . . .	8	. . 2	. . . .	»
. . . .	9	. . 2	. . . .	1
. . . .	10	. . 2	. . . .	2
. . . .	11	. . 2	. . . .	3
. . . .	12	. . 3, etc.		

— On a 8 sous à partager entre 4 pauvres ; combien chacun en aura-t-il?

— 12 dragées à partager entre 4 enfants, etc.

QUATRIÈME EXERCICE.

Voir combien un nombre est contenu de fois dans un autre.

On pose sur l'arithmomètre le nombre 2, et l'on demande à l'élève combien il peut ôter de fois 2 de ce nombre. Il verra qu'on ne peut l'ôter qu'une fois.

On lui fera de même chercher combien on peut ôter de fois 2 des autres nombres, et combien il reste.

Il verra donc que de 3 on peut ôter une fois 2 et qu'il reste 1 ; que de 4 on peut ôter 2 fois 2, etc.

Répétition simultanée.

Dans 2 il y a une fois 2
. . . 3 . . . . . 1 . . 2 et il reste 1.
. . . 4 . . . . . 2 . . 2 . . . . ».
. . . 5 . . . . . 2 . . 2 . . . . 1.
. . . 6 . . . . . 3 . . 2 . . . . ».
. . . 7 . . . . . 3 . . 2 . . . . 1.
. . . 8 . . . . . 4 . . 2 . . . . ».
. . . 9 . . . . . 4 . . 2 . . . . 1.
. . . 10 . . . . . 5 . . 2, etc.

On fera de même chercher combien on peut ôter de fois 3, 4, 5, etc.

Dans 3 il y a une fois 3
. . . 4 . . . . . 1 . . 3 et il reste 1.
. . . 5 . . . . . 1 . . 3 . . . . . . 2.
. . . 6 . . . . . 2 . . 3 . . . . . . ».
. . . 7 . . . . . 2 . . 3 . . . . . . 1.
. . . 8 . . . . . 2 . . 3 . . . . . . 2.
. . . 9 . . . . . 3 . . 3, etc.

Dans 4 il y a une fois 4
. . . 5 . . . . . 1 . . 4 et il reste 1.
. . . 6 . . . . . 1 . . 4 . . . . . . 2.
. . . 7 . . . . . 1 . . 4 . . . . . . 3.
. . . 8 . . . . . 2 . . 4, etc.

Dans 5 il y a une fois 5
. . . 6 . . . . . 1 . . 5 et il reste 1.
. . . 7 . . . . . 1 . . 5 . . . . . . 2.
. . . 8 . . . . . 1 . . 5 . . . . . . 3.
. . . 9 . . . . . 1 . . 5 . . . . . . 4.
. . . 10 . . . . . 2 . . 5, etc.

Par de fréquentes répétitions et par des questions particulières on tâchera de graver ces sortes d'exercices dans l'esprit de l'enfant. Il faut surtout lui faire comparer la multiplication et la division comme on lui a fait comparer l'addition avec la soustraction, sans lui dire cependant qu'elles sont inverses l'une de l'autre, car il ne vous comprendrait pas, puisqu'il ne sait pas encore ce que c'est que multiplier ni diviser ; mais, par l'exercice, il doit le sentir intérieurement, et il s'en pénétrera de plus en plus à mesure qu'il avancera. Ce sont ces exercices préparatoires qui doivent le familiariser avec la connaissance intime des diverses opérations, et lui en faire sentir le but.

CINQUIÈME EXERCICE.

Applications diverses. Combinaison de plusieurs opérations.

— Il faut 5 centimes pour faire un sou ; combien 6 centimes font-ils de sous? — 1 sous plus 1 centime.

Même question sur 7, 8, 9, 10, 11, 12, 13 centimes, etc.

— Il faut 4 liards pour faire un sou, combien 5, 6, 7, 8, 9, 10, 11, 12 liards font-ils de sous?

— Combien 2 pièces de 6 liards font-elles de sous?

— Une toise a 6 pieds ; combien 7, 8, 9, 10 pieds, etc., font-ils de toises?

— Si 2 aunes de ruban coûtent 6 francs, combien coûte une aune?

— Si 2 aunes de ruban coûtent 8 fr., combien coûte une aune?

Même question si 2 aunes coûtent 10, 12, 16 fr.

— Si 3 aunes coûtent 6 fr., combien coûte une aune? — 2 fr. — Combien coûteront 2 aunes?

— Si 3 aunes coûtent 9 fr., combien coûtera une aune? combien coûteront 2 aunes?

Même question si 3 aunes coûtent 12, 15, 18 fr.

— Si 4 aunes coûtent 8 fr., combien coûtera une aune? combien coûteront 2 aunes, 3 aunes?

Même question si 4 aunes coûtent 12 fr.

— Si l'on écrit 4, 6, 8, 10, 12 pages, etc., en 2 jours, combien cela fait-il par jour?

— Si l'on écrit 3, 6, 9, 12, 15 pages, etc., en 3 jours, combien cela fait-il par jour?

— Un enfant a bu 9 verres de tisane en 3 jours; combien cela fait-il par jour?

— Quelle est la moitié de 2 fois 3?

— Quelle est la moitié de 3 fois 4?

Même question sur la moitié de 2 fois 5, de 2 fois 6, de 2 fois 7, de 2 fois 8, de 3 fois 3, de 3 fois 5, etc.

— Quel est le tiers de 2 fois 3?

Même question sur le tiers de 3 fois 3, de 4 fois 3, etc.

— Quelle est la somme de 3 fois 5 et de 2 fois 3?

— Quelle est la somme de la moitié de 10 et de la moitié de 20?

— Quelle est la somme de la moitié de 8 et de la moitié de 12?

Même question sur la moitié de 14 et la moitié de 6, la moitié de 18 et la moitié de 20, etc.

— Quelle est la somme du tiers de 12 et du tiers de 15?

— Quelle est la somme du tiers de 6, de 9 et de 12?

— Quelle est la moitié du tiers de 12, de 18?

— Combien font 3 fois la moitié de 6, de 10, de 12, etc.?

— Si l'on écrit 9 pages en 3 jours, combien en écrira-t-on en 2 jours? — Si l'on en écrit 9 en 3 jours, en 1 jour on en écrira 3, et en 2 jours 2 fois 3 ou 6.

— Si l'on mange 12 livres de pain en 3 jours, combien cela fait-il en 2 jours? — 8.

— Si l'on mange 9 livres de pain en 3 jours, combien en mangera-t-on en 4 jours? — 12.

§ V.

EXERCICE SUR LES FRACTIONS.

Sommaire des Exercices.

1° Exercices sur les noms et la valeur des fractions. Convertir des entiers en fractions. — 2° Convertir des fractions en entiers. — 3° Voir combien il faut ajouter à un nombre fractionnaire pour avoir un nombre donné. — 4° Additions de nombres fractionnaires. — 5° Applications diverses.

PREMIER EXERCICE.

Sur les noms et la valeur des fractions. Convertir des entiers en fractions.

Une pomme partagée en 2 morceaux égaux ou deux moitiés, présente deux demies. Une demie est donc la moitié d'une chose.

— Combien y a-t-il de demi-pommes dans une pomme?

Si au lieu de la partager en 2 parties je la partageais en 3, j'aurais *trois tiers*. Un tiers est donc la troisième partie d'une chose.

— Combien faut-il de tiers de pomme pour faire une pomme?

— Si après avoir partagé une pomme en deux moitiés je partage chaque moitié en deux autres parties égales, combien aurai-je de parties? *R.* 4.

Alors chaque partie s'appelle un *quart.*

— Combien faut-il de quarts de pomme pour faire une pomme?

Il faut familiariser l'enfant avec ces mots, *demi*, *tiers*, *quart*, et tâcher de lui en donner une idée précise, en lui faisant prendre une partie déterminée d'une unité quelconque, par exemple d'une bande de papier, d'un morceau de bois, etc. Il est nécessaire de varier autant que possible les différentes espèces d'unités, afin qu'il ne se fasse pas des fractions une idée absolue, mais relative à l'espèce d'unité.

Ayant pris 3 objets quelconques pour unités, on en partagera un en 2 parties égales, un autre en 3, et le troisième en 4. On en formera 3 groupes, et l'on dira à l'enfant de montrer *une demie*, *un tiers*, *deux tiers*, *un quart*, *deux quarts*, *trois quarts.* Ces objets peuvent être des pommes, de petites baguettes ou des cubes.

On lui fera comparer ces différentes fractions sous le rapport de la grandeur, en lui demandant lequel est le plus grand d'une demie ou d'un tiers, d'un tiers ou d'un quart, de deux tiers ou de trois quarts, etc. Il ne s'agit point ici de lui en faire apprécier la différence d'une manière rigoureuse; mais il suffit qu'il sache qu'*une demie* est plus qu'*un tiers*, un tiers plus qu'un *quart*, parce que plus il y a de parties dans une unité, plus elles sont petites; que *deux tiers* sont plus qu'*une demie*, et que *trois quarts* sont plus que *deux tiers*.

— Combien 2 pommes font-elles de demi-pommes?

Même question sur 3, 4, 5, 6 pommes, etc.

— Combien 2, 3, 4, 5, 6 aunes font-elles de demi-aunes?

— Combien 2, 3, 4, 5, 6 pommes font-elles de tiers?

— Combien 2, 3, 4, 5, 6 aunes font-elles de tiers d'aunes?

Même question sur les quarts.

— Combien aura-t-on de parties si l'on partage chaque moitié en 3? *R.* 6.

Même question si on les partage en 4, 5 parties.

— Combien aura-t-on de parties si l'on partage chaque tiers en 2, 3, 4, 5, 6 parties égales?

Même question si l'on partage chaque quart.

Observation. L'élève doit faire lui-même cette opération, soit sur une pomme, soit sur un autre objet. Comme il faudrait, pour ces sortes d'opérations, une grande quantité de pommes, on peut se servir de cartes à jouer, que l'on partage en autant de parties que cela est nécessaire; mais il est bon de ne pas les couper entièrement, afin que l'enfant conserve l'idée de l'unité formée par la réunion des parties.

Répétition simultanée.

1 entier vaut	2 demies.	1 entier vaut	3 tiers.
2 entiers font	4	2 entiers font	6 tiers.
3	6	3	9
4	8	4	12
5	10, etc.	5	15, etc.

1 entier vaut	4 quarts.	1 entier vaut	5 cinquièmes.
2 entiers font	8	2 entiers font	10
3	12	3	15
4	16	4	20
5	20	5	25

DEUXIÈME EXERCICE.

Convertir des fractions en entiers.

— Combien 3 demi-pommes font-elles de pommes ? *R.* Une pomme et demie.

Même question sur 4, 5, 6, 7, 8, 9, 10 demies, etc.

L'enfant verra facilement qu'il faut chercher combien 2 demies sont contenues de fois dans le nombre de demies dont on veut extraire les entiers.

On fera de même chercher combien un certain nombre de tiers, de quarts et de cinquièmes font d'entiers.

Répétition simultanée.

2 dem. font	1	ent.	1 entier vaut 2 demies.
3	1	. . . et dem.	1 ent. et d. font 3 dem.
4	2	. . .	2 entiers font 4 demies.
5	2	. . . et dem.	2 ent. et d. font 5 dem.
6	3	. . .	3 entiers font 6 demies.
7	3	. . . et dem.	3 ent. et d. font 7 dem.

3 tiers font	1 ent.		1 entier vaut trois tiers.
4	1 . . .	et 1 t.	1 ent. et 1 t. font 4 tiers.
5	1 . . .	et 2 t.	1 ent. et 2 t. font 5 tiers.
6	2 . . .		2 entiers font 6 tiers.
7	2 . . .	et 1 t.	2 ent. et 1 t. font 7 tiers.
8	2 . . .	et 2 t.	2 ent. et 2 t. font 8 tiers.
9	3 . . .		3 entiers font 9 tiers.

4 quarts font	1 ent.		1 entier vaut 4 quarts.
5	1 . . .	et 1 q.	1 entier et 1 q. font 5 q.
6	1 . . .	et 2 q.	1 entier et 2 q. font 6 q.
7	1 . . .	et 3 q.	1 entier et 3 q. font 7 q.
8	2 . . .		2 entiers font 8 quarts.

— Combien 3 tiers font-ils de quarts?

R. 3 tiers font 1 entier, 1 entier vaut 4 quarts.

— Combien 4 demies font-elles de tiers?

R. 4 demies font 2 entiers, 2 entiers font 6 tiers.

— Combien 6 demies font-elles de quarts?

R. 6 demies font 3 entiers, 3 entiers font 12 quarts,

— Combien 6 tiers font-ils de demies?

R. 6 tiers font 2 entiers, 2 entiers font 4 demies.

— Combien 6 quarts font-ils de demies?

R. 6 quarts font 1 entier et demi, ou 3 demies.

— Combien 4 tiers font-ils de quarts?

R. 4 tiers font 1 entier et 1 tiers. Dans 1 entier il y a 4 quarts, et dans un tiers il y a 1 quart et il reste quelque chose : 4 tiers font donc 5 quarts et quelque chose.

— Combien 6 quarts font-ils de tiers?

R. 6 quarts font 1 entier et demi. Dans 1 entier il y a 3 tiers, et dans une demie il y a 1 tiers et il reste quelque chose : 6 quarts font donc 4 tiers plus un reste.

On proposera beaucoup de questions analogues aux précédentes ; mais il faut avoir soin de les rendre sensibles. On peut se servir de cartes à jouer comme dans les exercices précédents. Si l'on a, par exemple, cette question : Combien 6 demies font-elles de tiers? On prend 3 cartes partagées en demies, ce qui fait 6 demies. On prend également 3 cartes partagées en tiers, ce qui fait 9 tiers : 6 demies sont donc la même chose que 9 tiers. On peut aussi se servir du premier tableau des fractions placé à la fin de ce volume. Le deuxième rang horizontal présente les entiers partagés en demies, le troisième en tiers, etc., et l'on fait comparer deux espèces de fractions comme on l'a fait avec des cartes.

TROISIÈME EXERCICE.

Voir combien il faut ajouter à un nombre fractionnaire pour avoir un nombre donné.

Combien faut-il ajouter à

1 demie pour avoir	. . . .	2 entiers?	
3 demies.	. . . .	2	
3	. . . .	3	
2 entiers.	. . . .	3	1 demi.
3	. . . .	4	1
2	et 1 demi pour avoir	4	et demi.
3	et 1	5 entiers.	
5 entiers.	. . . .	7	et demi.
4	et 1 demi.	8	
3 demies.	. . . .	6	
5	. . . .	5	

à 1 tiers	pour avoir.	1 entier.		
2	. . . .	1	et 1 tiers.
1	entier.	2	et 1
1	. . . .	2	et 2
1	. . . .	3	et 1
1	et 2 tiers.	3	
1	et 2	4	
1	et 2	3	et 2
2	et 1	3	
2	et 1	3	et 2
3	. . . .	5	et 1
5	. . . .	7	et 2
10	et 1	12	
1	quart.	1	
2, 3	quarts.	1, 2, 3	
1	entier.	2	et 2 quarts.
1	et 3 quarts.	2	et demi.

On fera remarquer à l'enfant qu'une demie est la même chose que 2 quarts.

Combien faut-il ajouter à

2 entiers	3 quarts p. avoir.	5 entiers.	
2	et 1 demi	4	
2	et 1 quart.	6	
3	et 3 quarts	7	et demi.
4	. . . . .	8	et 1 quart.
5	. . . . .	10	et 3
3 quarts.	. . . .	10	
1 entier et 3	. . . . .	10, etc.	

Observation. On s'attachera moins aux autres fractions qu'aux demies, tiers et quarts. Il est cependant nécessaire que l'élève soit un peu exercé dessus, afin qu'il en ait une idée : on y donnera plus ou moins de développement, suivant son âge et son intelligence. On fera donc, sur les cinquièmes, les sixièmes, les septièmes, quelques exercices semblables aux précédents.

QUATRIÈME EXERCICE.

Additions de nombres fractionnaires.

— Une pomme et demie et 1 pomme et demie, font combien de pommes?

Même question sur :

2 pommes et demie et 2 pommes et demie.

3 entiers et demi plus 3 entiers; 4 entiers et demi plus 3 entiers et demi.

1 entier et demi, plus 1 entier et demi, plus 1 entier et demi.

2 entiers et demi plus 4 entiers et demi.

2 entiers et demi, plus 2 entiers et demi, plus 2 entiers et demi.

3 entiers et 2 tiers, plus 2 entiers et 1 tiers.

3 entiers et 1 tiers, plus 2 entiers 2 tiers, plus 2 entiers 1 tiers.

5 entiers 2 tiers, plus 5 entiers 2 tiers, plus 1 tiers.

3 entiers 1 tiers, plus 2 entiers 2 tiers, plus 3 entiers 1 tiers.

3 quarts, plus 3 quarts. — 2 quarts, plus 1 entier 2 quarts.

3 quarts, plus 3 quarts, plus 3 quarts. — 1 entier 3 quarts, plus 1 entier 1 quart.

1 entier 1 quart, plus 1 entier 3 quarts. — 3 entiers 3 quarts plus 3 entiers 3 quarts.

1 entier et demi, plus 2 entiers 3 quarts.

5 entiers 1 quart, plus 3 entiers 3 quarts, plus 1 entier et demi.

3 cinquièmes, plus 3 cinquièmes. — 2 cinquièmes, plus 4 cinquièmes, plus 3 cinquièmes. — 4 cinquièmes, plus 4 cinquièmes.

3 entiers 2 cinquièmes, plus 3 entiers 3 cinquièmes, etc., etc.

CINQUIÈME EXERCICE.

Applications diverses.

— Si l'on donne à 2 enfants 1 pomme 3 quarts pour chacun, combien aura-t-on donné de pommes?

— On donne à un enfant 1 poire et un tiers; combien en donnera-t-on à 6 enfants?

— On donne 2 pommes pour 4 enfants, il se les partagent également, combien chacun en aura-t-il? *R.* 1 demie.

— On donne 2 pommes pour 3 enfants, ils se les partagent également, combien chacun en aura-il? *R.* 2 tiers.

Même question si l'on donne 3 pommes pour 6 enfants, 3 pour 4 enfants, 4 pour 5 enfants, 4 pour 8 enfants, etc.

— On a donné à un enfant une page 3 quarts à écrire, il en a fait la moitié d'une, combien doit-il encore en écrire? *R.* une page 1 quart.

Même question s'il a à faire 3 pages et demie et s'il en fait 1 et demie; s'il a 2 pages 3 quarts et s'il en fait 1 et demie, etc.

— Un enfant avait acheté 3 livres de cerises, il en a mangé une livre et demie, combien lui en reste-t-il?

— Je travaille tous les matins pendant une heure et demie ; combien cela fait-il d'heures en 2, 3, 4, 5, 6 jours ?

— Je travaille chaque jour pendant 3 heures 3 quarts ; combien cela fait-il d'heures en 2, 3, ou 4 jours ?

— Combien font 2 heures 1 quart, 2 heures 3 quarts et une heure et demie ?

— Votre petit camarade doit venir à 3 heures et demie, il est 2 heures 1 quart ; combien devez-vous encore attendre ?

— Votre papa devait venir à midi et demi, et il est 2 heures 3 quarts ; de combien de temps est-il en retard ?

— Le jour est de 24 heures, vous en dormez 11 et demie ; combien restez-vous de temps éveillé ?

Même question s'il dort 10 heures et demie, 10 heures et 3 quarts, etc.

— Au mois de janvier le soleil se lève à 7 heures et 3 quarts, et se couche à 4 heures et 1 quart ; combien de temps dure le jour et combien de temps dure la nuit ?

Nota. Il doit calculer cela sur une montre, ou, pour éviter les accidents, on peut se servir d'un cadran tracé sur un carton avec des aiguilles qui se meuvent à volonté.

On fera de même chercher la durée du jour et de la nuit dans chaque mois de l'année. En février le soleil se lève à 6 h. 3 q. et se couche à 5 h. ; en mars il se lève à 6 h. et 1 q. et se couche à 6 h. ; en avril lèv. à 5 h. et couch. à 6 h. 3 q.; en mai lèv. à 4 h. et dem. et couche à 7 h. et dem.; en juin lèv. à 4 h. et couch. à 8 h.; en juillet lèv. à 4 h. et 1 q. et couch. à 7 h. 3 q.; en août lèv. à 4 h. 3 q. et couch. à 7 h. 1 q.; en septembre lèv. à 5 h. et dem. et couch. à 6 h. 1 q.; en octobre lèv. à 6 h. et dem. et couch. à 5 h. et dem.; en novembre lèv. à 7 h. et dem. et couch. à 4 h. et dem.; en décembre lèv. à 8 h. et couch. à 4 h.

— Si vous avez 5 ans 3 mois, dans combien de mois aurez-vous 8 ans?

— Dans combien de temps aurez-vous 9 ans si vous avez 7 ans et demi?

— Dans combien de temps aurez-vous 10 ans si vous avez 8 ans et 9 mois?

— Vous avez 7 ans et 8 mois et votre ami a 8 ans et 2 mois; de combien est-il plus âgé que vous?

— Vous avez 3 pieds et 1 pouce et votre frère a 4 pieds; de combien est-il plus grand que vous? Même question si vous avez 3 pieds 4 pouces et votre frère 4 pieds 6 pouces, etc.

On proposera une grande quantité de questions analogues aux précédentes, et, comme je l'ai dit plus haut, les localités peuvent offrir des formes de questions plus ou moins variées que l'on ne doit pas négliger.

RÉCAPITULATION

DES EXERCICES DU PREMIER COURS.

§ Ier.

§ II.

§ III.

§ IV.

§ V.

FIN DU PREMIER COURS.

SECOND COURS.

CALCUL DE TÊTE.

Les premiers exercices du premier Cours ont eu pour but de familiariser l'élève avec la connaissance des nombres ; le supposant ici de huit à dix ans au moins, il est rare qu'à cet âge un enfant ne sache pas compter, lors même qu'il n'aurait point suivi le premier Cours. Il importe donc de lui faire attacher aux nombres des valeurs précises, et surtout de le rompre sur la combinaison de ces nombres. Les répétitions simultanées sont d'une grande utilité lorsqu'on a un certain nombre d'enfants à instruire. (Pour plus de détails à cet égard, voyez les observations sur l'usage de cet ouvrage au commencement de ce volume.)

§ Ier.

EXERCICES SUR L'ADDITION.

Sommaire des Exercices.

1° Répétition sur l'arithmomètre. Addition de plusieurs nombres. — 2° Addition de plusieurs nombres sans le secours d'aucun objet sensible. — 3° Combien faut-il ajouter à un nombre pour avoir un nombre donné? — 4° Développemens relatifs à l'addition. — 5° Composer un nombre avec plusieurs autres, de toutes les manières possibles. — 6° Je pense deux nombres, dont la somme est 30; l'un est 13, quel est l'autre? — 7° Applications diverses de l'addition. — 8° Formation des chiffres. Anciens chiffres arabes. — 9° Chiffres romains. — 10° Calcul de chiffres. Addition.

Observation. Il ne faut point confondre ce calcul de chiffres avec celui qui est l'objet du troisième cours : le but principal de celui-ci est de faire acquérir de bonne heure l'habitude de mettre de l'ordre dans les calculs, et n'exige aucune formule.

Exercices préparatoires.

Répétition simultanée sur l'arithmomètre (1).

1 + 1, 2 + 1, 3 + 1, 4 + 1, etc.
1 + 2, 2 + 2, 3 + 2, 4 + 2, 5 + 2, etc.
1 + 3, 2 + 3, 3 + 3, 4 + 3, 5 + 3, etc.
1 + 4, 2 + 4, 3 + 4, 4 + 4, 5 + 4, etc.
2 + 3 + 4, 3 + 3 + 4, 4 + 3 + 4, etc.
3 + 4 + 4, 4 + 4 + 4, 5 + 4 + 4, etc.
5 + 4 + 6, 7 + 3 + 5, 8 + 6 + 3, etc.

Observation. Pour additionner plusieurs nombres sur l'arithmomètre, il faut les placer les uns à côté des autres sur la première tringle. Si la somme surpasse 10, on met le surplus sur la deuxième. Par exemple, 5 et 7 font 12; on place 5 et 5 sur la première, et 2 sur la deuxième.

---

(1) Pour l'explication de cet instrument, voyez les observations sur l'usage de cet ouvrage.

Si l'on a à écrire un nombre contenant plusieurs dizaines, par exemple, 24, on place 10 sur la première tringle, 10 sur la deuxième, et 4 sur la troisième.

Le signe + signifie *plus*.

Addition de plusieurs nombres sans le secours d'aucun objet sensible.

Après avoir fait ces répétitions au moyen de l'arithmomètre ou au moyen d'autres objets, soit sur les nombres que je viens d'indiquer, soit sur des nombres plus forts, on proposera les mêmes questions de tête, et l'élève doit acquérir assez de facilité pour additionner ainsi 2, 3, 4 et 5 nombres sans le secours d'aucun chiffre ni de ses doigts. Il est entendu qu'on proportionne les difficultés à l'âge et à l'intelligence de l'élève. On aura soin de lui demander la raison de sa réponse, juste ou fausse. Il l'expliquera soit sur l'arithmomètre, soit de vive voix. Voici comment il s'y prendra pour des questions analogues à celles-ci: Combien font 5 + 6 + 8 + 7 + 4? *R.* 5 plus 6 font 11, 11 plus 8 font 19, 19 plus 7 font 26, 26 plus 4 font 30. Pour éprouver l'attention de l'élève on lui fera quelquefois répéter la question avant de donner la réponse.

Combien faut-il ajouter à un nombre pour avoir un nombre donné?

Cette différence, qui d'abord sera 1, puis 2, augmentera progressivement jusqu'à 10, 12, 15, et même beaucoup plus loin dans la suite des exercices.

Ainsi on demandera combien il faut ajouter à

7 pour avoir	8.	10 pour avoir	13.
8	10.	10	15.
7	10.	9	14.
9	11.	11	15.
10	12.	12	20, etc.

Voici comment il doit résoudre ces sortes de questions. Supposons qu'on lui demande combien il faut ajouter à 9 pour avoir 24. Il dira : à 9 pour avoir 10 il faut ajouter 1, à 10 pour avoir 20 il faut ajouter 10, à 20 pour avoir 24 il faut ajouter 4; 1 plus 10 plus 4 font 15. Donc il faut ajouter 15 à 9 pour avoir 24.

Développemens relatifs à l'addition.

Lorsque je dis : J'avais dans ma bourse 10 sous, j'y ai remis 5 sous et 4 sous ; pour savoir combien il y a maintenant, il faut ajouter 10, 5 et 4; et lorsqu'on ajoute plusieurs nombres ensemble, cela s'appelle *additionner*, et l'opération que l'on fait s'appelle *addition.*

— Qu'est-ce que c'est qu'*additionner?* *R.* C'est ajouter plusieurs nombres ensemble.

— Qu'est-ce que c'est que *faire une addition?* Même réponse.

— Quel nombre reçoit-on lorsqu'on a additionné 5 et 6, par exemple? *R.* 11.

Le nombre que l'on reçoit après avoir fait une addition se nomme *la somme.* Ainsi la somme de 5 et 6 est 11, la somme de 7, 4 et 5 est 16.

— Quelle est la somme de 8 + 9? *R.* 17, parce que 8 + 8 font 16, et 1 de plus font 17.

— Quelle est la somme de 7 + 5 + 8? *R.* 20, parce que 7 + 5 font 12, 12 + 8 font 20.

— Quelle est la somme de 12 + 13 + 14? *R.* 39, parce que 10 + 10 + 10 font 30, 2 + 3 + 4 font 9, 30 + 9 font 39.

— Quelle est la somme de 15 + 12 + 18? *R.* 45; parce que 10 + 10 + 10 font 30; 2 + 8 + 5 font 15; 30 et 15 font 45.

Observation. On voit par cet exemple qu'il faut accoutumer l'élève à décomposer par dizaines les nombres plus forts que 10; à additionner les dizaines, puis les unités. Cette décomposition est très-importante, et j'engage l'instituteur à y insister.

Composer un nombre avec plusieurs autres de toutes les manières possibles.

Donnez deux nombres dont la somme soit 12? *R.* 7 + 5.

Composez 15 avec deux nombres de toutes les manières possibles.

R. 14 + 1, 13 + 2, 12 + 3, 11 + 4, 10 + 5, 9 + 6, 8 + 7.

Composez de même 17, 18, 20, 30, 50, etc., etc.

Composez 10 avec trois nombres de toutes les manières possibles.

R. 8 + 1 + 1, 7 + 2 + 1, 6 + 3 + 1, 5 + 4 + 1, 3 + 2 + 5, 4 + 4 + 2, 2 + 2 + 6, 3 + 3 + 4.

Composez de même 12, 15, 20, 24, 28, etc.

Composez les mêmes nombres avec 4, 5, et 6 autres.

Observation. Cet exercice est d'une grande utilité, et l'on peut s'en servir avantageusement lorsqu'on veut faire travailler un enfant seul. On lui donne, par exemple, 50 à composer avec quatre nombres, de toutes les manières possibles. Je suppose, pour cela, qu'il sait faire les chiffres. Mais, comme ces combinaisons sont excessivement nombreuses, il est inutile de chercher à les épuiser, ce qui deviendrait même souvent impossible.

Je pense deux nombres, dont la somme est 30; l'un est 15, quel est l'autre?

— Je pense deux nombres dont la somme est 25; le premier est 11, quel est l'autre? *R.* 14.

— Je pense trois nombres dont la somme est 30; le premier est 18, les deux autres sont égaux; quels sont-ils? *R.* 6 et 6.

— 24 est la somme de deux nombres égaux; quels sont-ils?

— 24 est la somme de trois nombres égaux; quels sont-ils?

— Quelle est la somme de trois nombres égaux dont l'un est 7?

— Quelle est la somme de trois nombres égaux dont l'un est 9?

— Quelle est la somme de quatre nombres égaux dont l'un est 7?

— Quelle est la somme de six nombres égaux dont l'un est 5?

— Je pense la somme de trois nombres; le premier est 8, le deuxième 12, et le troisième est la somme de 5 et 4; quelle est la somme totale?

— La somme de trois nombres est 25; le premier est 12, le deuxième 7, quel est le troisième? *R.* 6, parce que 12 et 7 font 19, et que de 19 pour aller à 25, il y a 6.

— La somme de trois nombres est 34; le premier est 18, le deuxième est 8; quel est le troisième? *R.* 8.

— Je pense un nombre qui est de 8 plus grand que 13; quel est-il?

— Je pense un nombre qui est de 5 plus grand que 12; quel est-il? etc.

Applications.

— J'ai dépensé une fois 15 sous, une autre fois 16 et une troisième fois 20: combien ai-je dépensé en tout?

— Un homme a fait un voyage qui a duré trois jours; le premier jour il a fait 7 lieues, le deuxième 10, et le troisième 13; combien cela fait-il en tout? *R.* 30.

— Un homme a fait un voyage de 30 lieues; le premier jour il en a fait 12, le deuxième 12; combien en a-t-il fait le troisième?

— Deux enfants réunissent l'argent qu'ils ont pour acheter un ballon de 20 sous; l'un a 8 sous et l'autre 11; ont-ils assez?

— Trois enfants se réunissent pour faire une aumône ; l'un met 13 sous, le second en met aussi 13, et le troisième n'en met que 10; combien le pauvre a-t-il reçu?

— Un pauvre a reçu une fois 8 sous, une autre fois 6, et une autre fois 7 ; combien cela fait-il en tout?

— Je devais à quelqu'un 33 sous ; je lui donne une pièce de 15 sous et deux de 10 ; lui ai-je donné trop ou pas assez?

— J'ai dans ma bourse une pièce de 15 sous et une de 20 ; combien cela fait-il de sous?

— J'ai dans ma poche trois pièces de 15 sous et 5 sous ; combien cela fait-il de sous?

— J'ai dans ma bourse deux pièces de 20 sous, une de 10, une de 15 et 8 sous ; combien cela fait-il ensemble?

— J'ai dans ma bourse une pièce de 30 sous, une de 20, une de 15 et 12 sous ; combien cela fait-il de sous?

— J'ai écrit trois pages ; la première contenait 16 lignes, la deuxième 18 et la troisième 13 ; combien cela fait-il de lignes en tout?

— J'ai reçu quatre lettres, dont l'une m'a coûté 15 sous, l'autre 7 sous, une autre 9 et la dernière 20 ; combien m'ont-elles coûté?

— J'ai lu avant-hier 11 pages, hier 11 et aujourd'hui 12 : combien cela fait-il ensemble?

— Une paysanne, allant au marché, emporte des provisions qu'elle a vendues, savoir : une douzaine d'œufs pour 18 sous, deux petits poulets à 12 sous la pièce, une livre de beurre pour 18 sous, et du lait pour 16 sous; pour combien a-t-elle vendu en tout? *R.* Pour 76 sous.

— Un berger a 12 moutons, il en achète encore 9; combien a-t-il d'animaux en tout, en comptant ses 3 chiens? *R.* 24.

— Un fermier a 6 vaches, 4 bœufs, 24 moutons, 8 chèvres, 12 poules et 2 chiens; combien a-t-il d'animaux? *R.* 56.

— On m'avait promis de me mener au spectacle dans 8 jours, au bout de ces huit jours, on me dit qu'il faut encore en attendre 8 autres; on me dit ensuite qu'on m'y mènera dans 5 jours, les cinq jours passés, il faut encore attendre 4 jours; combien de temps a-t-il fallu attendre? *R.* 25 jours.

Formation des chiffres.

Observation. Les élèves qui commenceront ce cours savent presque tous former les chiffres; mais il n'est pas inutile de revenir un peu sur leur origine, afin qu'ils y attachent des valeurs réelles, en se bornant toutefois, pour le moment, aux neufs premiers. La raison pour laquelle je ne fais pas encore écrire de nombres au dessus de 9 est qu'il faut pour cela connaître le système de numération, que l'enfant ne comprendrait pas encore; mais, lorsque son esprit sera un peu plus habitué au calcul, il sera facile de le lui faire entendre parfaitement au moyen des procédés que j'indique.

Les exercices sur le système de numération suivent ceux de la soustraction, et précèdent ceux de la multiplication. Cet ordre doit paraître singulier, mais voici la raison qui m'a déterminé à le suivre : il faut que de bonne heure les élèves soient exercés sur la forme des chiffres ; il faut les habituer à les écrire proprement, soit en colonnes verticales, soit en lignes horizontales. Pour cela, il n'est pas nécessaire d'avoir plus de neuf chiffres, puisque tous les autres nombres sont composés des neuf premiers. Mais, arrivé à la multiplication, il aura des produits plus forts à écrire, et, pour qu'il ne les écrive pas machinalement, il faut lui donner une idée du système de numération : il le comprendra parce qu'il y sera préparé par les exercices précédents et par ceux qui vont suivre.

On s'y prendra, pour la formation des chiffres, comme si l'élève ne savait rien.

Chiffres arabes et chiffres romains.

Les premiers hommes, dira-t-on, se servaient pour compter de leurs doigts, de petites pierres et d'autres objets. Quand ils voulaient représenter un nombre, ils le faisaient par de petits traits, et en mettaient autant qu'il y avait de fois *un* ou *d'unités* dans le nombre, comme le font aujourd'hui les boulangers pour marquer le nombre de livres de pain qu'ils vendent à une personne, et comme font encore les personnes ignorantes qui ne savent pas faire autrement.

On tracera sur le tableau la ligne de traits suivants, et l'on fera compter les unités de chaque groupe.

I, II, III, IIII, IIIII, IIIIII, IIIIIII, IIIIIIII, IIIIIIIII.

Ainsi, dira-t-on, si l'on avait, par exemple, cent à écrire, il fallait mettre cent petites raies. On a trouvé beaucoup trop long d'indiquer les nombres de cette manière, c'est pourquoi on a réuni en un signe chaque groupe de traits, et peu à peu on a formé les chiffres dont nous nous servons.

1, 2, 3, 4, 5, 6, 7, 8, 9.

On aura soin d'écrire ces signes sous les groupes qui leur correspondent.

On croit que ces chiffres sont d'invention arabe. On les désigne sous le nom de *chiffres arabes*, pour les distinguer des *chiffres romains*. Plus tard on vous fera connaître la manière d'écrire les nombres plus grands que 9 en chiffres arabes.

L'élève témoignera probablement le désir de connaître les chiffres romains. Il n'y a point d'inconvénient à le satisfaire. On peut même lui en faire connaître plus que neuf, attendu qu'ils ne présentent pas la même difficulté sous le rapport de la numération : on peut aller jusqu'à vingt ou trente. Dans le courant de ce cours on reviendra là-dessus et on lui en apprendra d'autres.

Voici les chiffres romains jusqu'à trente-neuf :

I, II, III, IV, V, VI, VII, VIII, IX, X, XI, XII, XIII, XIV, XV, XVI, XVII, XVIII, XIX, XX, XXI, XXII, XXIII, XXIV, XXV, XXVI, XXVII, XXVIII, XXIX, XXX, XXXI, XXXII, XXXIII, XXXIV, XXXV, XXXVI, XXXVII, XXXVIII, XXXIX.

On aura soin de faire observer que le I placé avant le V et le X signifie ce nombre moins I ; c'est pourquoi quatre s'écrit IV, et neuf IX. Le I, II, ou III, placé après, signifie plus un, deux, ou trois, etc. ; c'est ainsi que six, sept, huit, s'écrivent VI, VII, VIII, etc.

Afin que l'élève ait une idée précise de la valeur de nos chiffres, on fera l'exercice suivant.

On placera les groupes de traits dans une colonne verticale, comme on le voit ci-après; on fera placer à côté de chacun le chiffre qui en est formé, puis effaçant les traits, on les fera replacer en nommant les chiffres sans ordre. On répétera cet exercice en effaçant alternativement les chiffres et les traits.

I . . . . 1.
II . . . . 2.
III . . . . . . 3.
IIII . . . . . 4.
IIIII . . . . . 5.
IIIIII . . . . 6.
IIIIIII . . . . 7.
IIIIIIII . . . 8.
IIIIIIIII . . . 9.

Le maître dictera ensuite ces chiffres, d'abord dans l'ordre naturel, puis dans un ordre inverse, et enfin dans un ordre quelconque. L'élève sera tenu, 1° de les replacer dans l'ordre naturel; 2° de les écrire sur une colonne verticale, puis sur une ligne horizontale.

Il est très-important d'habituer l'élève de bonne heure à mettre de l'ordre dans ses calculs, c'est pourquoi chaque exercice de calcul de tête sera suivi du même exercice avec des chiffres, ainsi qu'il suit.

Addition. Calcul de chiffres.

— J'avais 3 fr. dans ma bourse, j'y remets 4 fr. et puis 2 fr.; combien y a-t-il?

Cette question s'écrit : 3 plus 4, plus 2, égalent 9; et, par abréviation, $3+4+2=9$. D'où l'on voit que la petite croix signifie *plus*, et indique l'addition. Les deux petites raies parallèles signifient et se prononcent *égalent*.

Par des exercices fréquents et gradués, on accoutumera l'élève à écrire les chiffres sur la même ligne horizontale, puis dans une direction verticale, en écrivant plusieurs questions les unes sous les autres, et en conservant toujours la direction horizontale.

1° $5+3=8$.
$2+4=6$.

2° $4+3=7$.
$5+4=9$.
$2+6=8$.

3° $5+4=9$.
$3+6=9$.
$4+3=7$.
$2+3=5$.
$8+1=9$.

On fera le même exercice sur 6, 7, 8 et 9 lignes de chiffres.

4° $2+1+4=7$.
$3+4+2=9$.
$5+2+2=9$.
$6+2+1=9$.
$3+3+1=7$.

5° $2+1+2+3=8$.
$5+1+1+2=9$.
$3+3+1+1=8$.
$1+1+2+3=7$.
$3+1+1+3=8$.

Autres formes de questions.

— 4 plus quel nombre égale 7? Opération que l'élève écrira ainsi : $4+x=7$. Il écrira 3 à la place de l'x.

$5+x=9$.
$3+x=6$.
$5+x=7$.

$3+x=9$.
$2+x=6$.
$3+x=5$.

$3 + 3 + x = 9.$ $x + 3 = 5.$
$7 + 1 + x = 9.$ $x + 2 = 9.$
$2 + 5 + x = 8.$ $x + 5 = 9.$

— 9 est la somme de 3 nombres, quels peuvent-ils être?

$$3 + 3 + 3 = 9.$$
$$2 + 2 + 5 = 9.$$
$$7 + 1 + 1 = 9.$$
$$5 + 3 + 1 = 9.$$
$$2 + 6 + 1 = 9.$$

Lorsque l'élève pourra écrire de plus grands nombres, on reviendra sur cet exercice en lui proposant des questions analogues à celle-ci :

$$18 + 19 + 20 + x = 60, \text{ etc.}$$

On placera ensuite les nombres à additionner sur une même ligne verticale, en observant de faire usage du signe d'addition, lorsqu'il n'y a que deux nombres.

$$\begin{array}{r}3\\+4\\\hline 7\end{array}\quad\begin{array}{r}5\\4\\\hline 9\end{array}\quad\begin{array}{r}2\\6\\\hline 8\end{array}\quad\begin{array}{r}2\\1\\5\\\hline 8\end{array}\quad\begin{array}{r}3\\4\\2\\\hline 9\end{array}\quad\begin{array}{r}2\\1\\3\\2\\\hline 8\end{array}$$

— Quel nombre faut-il ajouter à 2 et à 3 pour avoir 9?

$$\begin{array}{r}2\\3\\x\\\hline 9\end{array}\quad\begin{array}{r}2\\3\\4\\\hline 9\end{array}\quad\begin{array}{r}3\\2\\x\\\hline 7\end{array}\quad\begin{array}{r}3\\2\\2\\\hline 7\end{array}\quad\begin{array}{r}3\\4\\1\\x\\\hline 9\end{array}\quad\begin{array}{r}3\\4\\1\\1\\\hline 9\end{array}\quad\begin{array}{r}2\\1\\2\\x\\\hline 8\end{array}\quad\begin{array}{r}2\\1\\2\\3\\\hline 8\end{array}$$

§ II.

EXERCICE SUR LA SOUSTRACTION.

Sommaire des Exercices.

1° Répétitions simultanées. Diverses combinaisons de soustraction. — 2° Diminuer un nombre par la soustraction successive des dizaines. — 3° Diminuer un nombre par la soustraction successive d'un même nombre, que l'on retranche autant de fois que cela se peut. — 4° Combien faut-il retrancher d'un nombre pour avoir un nombre donné ? — 5° De combien un nombre est-il plus grand ou plus petit qu'un autre ? — 6° Développemens relatifs à la soustraction. Différence entre l'addition et la soustraction. — 7° Chercher des nombres avec une différence donnée. — 8° Applications diverses de la soustraction. — 9° Combinaison de l'addition et de la soustraction. — 10° Calcul de chiffres.

Observations. Les répétitions simultanées d'addition seront continuées pendant la soustraction, et combinées avec celles de cette dernière. Il ne faut pas attendre de commencer la soustraction que l'élève soit très-fort sur l'addition, mais on le fera dès qu'il combinera facilement jusqu'à 20 et 30. Chaque exercice devant être continué pendant toute la durée du cours, c'est par l'habitude qu'il s'y fortifiera. Au reste, la marche que l'on suit dépend de l'âge et de l'intelligence de l'élève.

Il est nécessaire, soit par les répétitions simultanées, soit par des exercices particuliers, de pousser la connaissance des nombres jusqu'à 100, et surtout d'insister sur la formation des nombres par dizaines. Ainsi on fera dire :

10 + 10 = 20, 20 + 10 = 30, 30 + 10 = 40, etc. 11 + 10 = 21, 21 + 10 = 31, 31 + 10 = 41, etc. 12 + 10 = 22, 22 + 10 = 32, 13 + 10 = 23, etc., etc.

L'inverse pour la soustraction.

Exercices préparatoires.

Répétition simultanée. Diverses combinaisons de soustraction.

10 — 1, 9 — 1, 8 — 1, 7 — 1, 6 — 1, etc.
10 — 2, 9 — 2, 8 — 2, 7 — 2, 6 — 2, etc.
10 — 3, 9 — 3, 8 — 3, 7 — 3, 6 — 3, etc.
10 — 4, 9 — 4, 8 — 4, 7 — 4, 6 — 4, etc.

Même exercice en commençant par 11, 12, 13, 14, etc.

On fera dire alternativement 10 + 2 = 12, 10 — 2 = 8, 9 + 2 = 11, 9 — 2 = 7, 8 + 2 = 10, 8 — 2 = 6, etc.

10 + 3 = 13, 10 — 3 = 7, 9 + 3 = 12, 9 — 3 = 6, 8 + 3 = 11, 8 — 3 = 5, etc.

On fera de même dire 20 + 2 = 22, 20 — 2 = 18, 19 + 2 = 21, 19 — 2 = 17, etc.

30 — 3 = 27, 27 — 6 = 21, 21 — 4 = 17, 17 — 5 = 12, 12 — 5 = 7, 7 — 3 = 4, 4 — 4 = 0.

50 — 10 = 40, 40 — 11 = 29, 29 — 10 = 19, 19 — 7 = 12, 12 — 7 = 5, 5 — 5 = 0.

60 — 3 = 57, 57 — 8 = 49, 49 — 11 = 38, 38 — 5 = 33, etc.

Diminuer un nombre par la soustraction successive des dizaines.

100 — 10 = 90, 90 — 10 = 80, 80 — 10 = 70, 70 — 10 = 60, 60 — 10 = 50, etc.

99 — 10 = 89, 89 — 10 = 79, etc.

98 — 10 = 88, 88 — 10 = 78, 78 — 10 = 68, etc.

On continuera cet exercice jusqu'à 91 — 10.

Diminuer un nombre par la soustraction successive d'un même nombre que l'on retranche autant de fois que cela se peut.

Répétition simultanée sans l'arithmomètre.

24 — 4 = 20, 20 — 4 = 16, 16 — 4 = 12, 12 — 4 = 8, 8 — 4 = 4, etc.

30 — 3 = 27, 27 — 3 = 24, 24 — 3 = 21, 21 — 3 = 18, 18 — 3 = 15, etc.

28 — 3 = 25, 25 — 3 = 22, 22 — 3 = 19, 19 — 3 = 16; 16 — 3 = 13, etc.

50 — 5 = 45, 45 — 5 = 40, 40 — 5 = 35, 35 — 5 = 30, 30 — 5 = 25, etc.

63 — 10 = 53, 53 — 10 = 43, 43 — 10 = 33, 33 — 10 = 23, 23 — 10 = 13, etc.

On continuera cet exercice sur beaucoup d'aûtres nombres.

Chaque exercice simultané doit être suivi d'un exercice particulier, dans lequel on interroge chaque élève séparément,

Combien faut-il retrancher d'un nombre pour avoir un nombre donné?

Combien faut-il ôter de 15 pour qu'il reste 11?

de	16 pour qu'il reste	9.
..	18	12.
..	15	7.
..	20	12.
..	20	9.
..	30	15.
..	30	14.
..	50	40.
..	51	41.
..	51	40.
..	48	38.
..	48	37.
..	48	39.
..	43	30, etc.

De combien un nombre est plus grand ou plus petit qu'un autre.

De combien 10 est-il plus grand que 8, 7, 6, 5, 4, 3, 2, 1?

De combien 12 est-il plus grand que 9, 7, 5, 4, 3, 2, 1?

Comparez sous le même rapport les nombres suivants:

15 et 12, 15 et 9, 13 et 9, 17 et 15, 13 et 9, 14 et 8, 17 et 14, 20 et 10, 20 et 11, 20 et 12, 20 et 9, 20 et 8, etc.

De combien 9 est-il plus petit que 12?

Comparez de même:

7 et 12, 10 et 16, 12 et 20, 12 et 21, 15 et 21, 20 et 32, 20 et 44, etc.

Développements relatifs à la soustraction.

— J'avais 12 francs dans ma poche, j'en ai dépensé 7; combien m'en reste-t-il?

Qu'avez-vous fait pour trouver ce résultat? *R.* Nous avons ôté 7 de 12.

Oter un nombre d'un autre s'appelle *soustraire* ou *faire une soustraction.*

— Qu'est-ce que c'est que faire une soustraction?

— Soustrayez 13 de 20, que reste-t-il?

— Quelle différence y a-t-il entre *l'addition* et *la soustraction?* *R.* Par l'addition on ajoute les nombres ensemble, et par la soustraction on les retranche les uns des autres.

— J'avais 9 fr. dans ma bourse, j'y remets 4 fr. et puis 5 fr.; combien y a-t-il? Quelle opération faut-il faire?

— De 24 sous on en dépense 15; combien en reste-t-il? Quelle opération?

— De 18 marrons on en mange 11; combien en reste-t-il? Quelle opération?

— J'avais 17 lignes à apprendre, on m'en redonne 5; combien dois-je en apprendre? Quelle opération?

— J'avais 17 lignes à apprendre, j'en ai récité 5; combien m'en reste-t-il à apprendre? Quelle opération?

Cherchez des questions pour lesquelles il faille faire une addition; cherchez-en de même pour lesquelles il faille faire une soustraction.

— Que reste-t-il quand on ôte 4 de 9? *R.* 5.

Ce qui reste quand on a fait une soustraction s'appelle le *reste* ou la *différence*.

Chercher des nombres avec une différence donnée.

— Quelle différence y a-t-il entre 7 et 13, entre 9 et 15, 12 et 17? etc.

On insistera beaucoup sur cette dernière espèce de question et sur les suivantes.

— Donnez deux nombres dont la différence soit 4. Donnez-en d'autres dont la différence soit 2, puis 3, 4, 5, 6, 7, 8, 9, 10, etc.

— Je pense deux nombres dont la différence est 4; le premier est 8, quel est le second?

— Je pense deux nombres dont la différence est 6; le premier est 15, quel est le second?

— Je pense deux nombres dont la différence est 10; le premier est 13, quel est l'autre?

Applications.

— Une personne veut acheter un livre qui coûte 20 sous, mais elle n'en a que 13; combien lui manque-t-il?

— J'avais 25 lignes à apprendre, j'en ai récité 6; combien dois-je encore en apprendre?

— Une personne a emprunté 18 fr., elle en a rendu une fois 5 et une autre fois 6; combien doit-elle encore?

— Un homme fait un voyage de 30 lieues; le premier jour il en a fait 10 et le deuxième 8; combien lui en reste-t-il encore à faire?

— Je voulais acheter une gravure de 40 sous; le marchand m'a diminué 6 sous; combien l'ai-je payée?

— On m'avait promis de me mener au spectacle dans 15 jours, il y en a déjà 8 de passés; combien dois-je encore attendre?

— Il y a 24 heures dans le jour; une personne en emploie 12 à dormir; combien de temps veille-t-elle?

— Un berger a dans son troupeau 17 moutons, le loup en mange 8; combien en reste-t-il?

— Un livre a 40 pages, j'en ai lu 22; combien m'en reste-t-il encore à lire?

— On me demande mon âge; je réponds qu'il est la différence qu'il y a entre celui de mon frère et celui de ma sœur. Mon frère a 16 ans et ma sœur 7; quel est mon âge?

— Une personne, en jouant aux dames, en a perdu une fois 4 et une fois 5; combien lui en reste-t-il? (Chaque personne a 20 dames.)

Combinaison de l'addition et de la soustraction.

— J'avais dans ma bourse 15 sous, j'en dépense 6 et j'en remets 4; combien y en a-t-il? Quelle opération faut-il faire pour cette question? *R.* Une addition et une soustraction.

— Je voulais acheter une gravure de 35 sous; le marchand me diminue 6 sous, puis encore 3, puis enfin 2; combien l'ai-je payée? Quelle opération?

— On m'a donné 20 lignes à apprendre; j'en récite 6 et l'on m'en redonne encore 8; combien en ai-je à apprendre?

— Deux enfants jouent à l'oie, le premier est au numéro 18 et va au numéro 30; le second est au numéro 24 et revient au numéro 15; à quelle distance sont-ils l'un de l'autre?

— Deux personnes jouent aux dames (chaque personne a 20 dames); l'une en a perdu 6 et l'autre 8; combien en reste-t-il en tout sur le jeu?

— Deux personnes jouent aux dames, elles en ont perdu autant l'une que l'autre, et il en reste en tout 16 sur le jeu; combien chacune en a-t-elle perdu?

— Un pêcheur avait dans son seau 12 poissons, il en rejette 4, en repêche 8 et en rejette 3; combien en a-t-il?

— Quelle est la somme de la différence qu'il y a entre 7 et 10, et 8 et 12?

— Quelle est la différence qu'il y a entre la somme de 5 et 6, et la somme de 7 et 5?

— Quelle différence y a-t-il entre l'addition et la soustraction?

— Quelle différence y a-t-il entre la somme et la différence?

— Quelle est la somme de 7 et 12?

— Quelle est la différence de 7 et 12? Mêmes questions sur les nombres suivants.

13 plus 8, 13 moins 8; 15 plus 14, 15 moins 14; 16 plus 8, 16 moins 8; 11 plus 10, 11 moins 10; 18 plus 15, 18 moins 15, etc.

— Combien font 8 plus 8 moins 7? Même question sur :

7 plus 8 plus 3 moins 5 ; 10 plus 10 moins 8.

11 plus 9 plus 7 moins 4; 12 plus 12 moins 5 moins 6.

15 plus 16 plus 17 moins 12 moins 9, etc.

Soustraction. Calcul de chiffres.

— J'avais 9 francs, j'en ai dépensé 5; combien m'en reste-t-il?

Cette opération s'écrit : 9 moins 5 égale 4, ou $9 - 5 = 4$. D'où l'on voit que le petit trait horizontal signifie *moins*, et qu'il est le signe de la soustraction.

On dictera les opérations suivantes, et l'élève en cherchera le résultat. Il doit les écrire en colonnes verticales.

$7 - 2 = 5$. $9 - 2 - 3 = 4$. $7 + 2 - 3 = 6$.
$8 - 5 = 3$. $8 - 1 - 2 = 5$. $5 + 3 - 4 = 4$.
$7 - 4 = 3$. $7 - 5 - 1 = 1$. $6 + 2 - 5 = 3$.
$6 - 2 = 4$. $5 - 3 - 2 = 0$. $8 + 1 - 6 = 3$.

Il y a entre 5 et 8 la même différence qu'entre quels nombres? $8 - 5 = 3$, $7 - 4 = 3$, $5 - 2 = 3$, etc.

De combien 3 est-il plus petit que 8?

$$8 - 3 = 5.$$

De combien 7 est-il plus grand que 2? $7 - 2 = 5$.

9 moins 6, plus quel nombre égale 7?

$$9 - 6 + x = 7.$$
$$9 - 6 + 4 = 7.$$

Quelle différence y a-t-il entre la somme de 4 et 5, et celle de 2 et 6?

$$4+5=9. \quad 2+6=8.$$
$$9-8=1.$$

Quelle est la somme de $4-2$, $7-3$, et $2+1$?

R. $4-2=2. \quad 7-3=4. \quad 2+1=3.$

$$2+4+3=9.$$

— Je devais à quelqu'un 9 francs, je lui en ai rendu 7 et emprunté 6 de nouveau; que lui dois-je maintenant?

$$9-7=2, \quad 2+6=8.$$

— Un enfant reçoit 7 dragées, il en donne 2, en mange 3 et en reçoit encore 6; combien en a-t-il?

$$7-3=4, \quad 4-2=2, \quad 2+6=8.$$

Enfin on fera placer le nombre que l'on soustrait sous celui dont on soustrait, en mettant le signe de la soustraction à gauche.

$$\begin{array}{r} 6 \\ -3 \\ \hline 3 \end{array} \qquad \begin{array}{r} 7 \\ -5 \\ \hline 2 \end{array} \qquad \begin{array}{r} 9 \\ -4 \\ \hline 5 \end{array}, \text{ etc.}$$

On terminera ces exercices par faire composer une table d'addition et de soustraction, ainsi qu'il suit :

$1+1=2.$	$1+2=3.$	$1+3=4.$	$1+4=5.$
$2+1=3.$	$2+2=4.$	$2+3=5.$	$2+4=6.$
$3+1=4.$	$3+2=5.$	$3+3=6.$	$3+4=7.$
$4+1=5.$	$4+2=6.$	$4+3=7.$	$4+4=8.$
etc.	etc.	etc.	etc.

Pour la table de soustraction on remplace le signe + par le signe —.

§ III.

SYSTÈME DE NUMÉRATION (1).

Sommaire des Exercices.

1° Trouver un nombre d'après le nombre de centaines, dizaines et unités qu'il renferme. — 2° Chercher le nombre de dizaines et de centaines contenu dans un nombre. — 3° Composer un nombre avec des jetons de différentes couleurs, dont les uns représentent des unités, d'autres des dizaines, et d'autres des centaines. — 4° Développements du système de numération. Faire écrire des nombres, en employant des signes différents pour les unités, les dizaines et les centaines. Exemple, ccxxxIIII. — 5° Décomposition d'un nombre en dizaines et centaines. — 6° Autre manière, plus abrégée, d'écrire les nombres; C₂X³I⁴. — 7° Autre manière d'écrire les nombres, en substituant des colonnes verticales aux signes employés plus haut. Distinguer la valeur des chiffres par leur position, sans le secours de lignes verticales. — 8° Dictées de nombres. Cartes sur lesquelles on écrit des nombres, et que l'on tire au hasard. — 9° Autres exercices pour fortifier l'élève sur la numération. Quel est le plus petit et quel est le plus grand nombre que l'on peut mettre dans chaque colonne?

Exercices préparatoires.

Observations. Dans ces exercices préparatoires, l'élève doit considérer les nombres sous le rapport des dizaines et

---

(1) Voyez l'observation de la page 69.

des centaines qu'ils renferment ; il doit aussi trouver la valeur d'un nombre, après lui avoir indiqué les centaines, dizaines et unités qu'il contient (1).

Trouver un nombre d'après le nombre de centaines, dizaines et unités qu'il renferme.

— Combien font 2 fois 10, 3 fois 10, 4 fois 10, 5 fois 10 et 9 fois 10?

— Combien font 2 fois 10 plus 5, 3 fois 10 plus 2, 4 fois 10 plus 7, 6 fois 10 plus 9, 7 fois 10 plus 1, 8 fois 10 plus 4, 9 fois 10 plus 9?

— Combien font une fois 100 et une fois 1, une fois 100 plus une fois 10, une fois 100 plus une fois 10 plus 5, une fois 100 plus 3 fois 10, une fois 100 plus 5 fois 10 plus 9, 2 fois 100 plus 11, 2 fois 100 plus 6 fois 10 plus 1, 6 fois 100 plus 6 fois 10 plus 6, etc., etc.

On continuera cet exercice jusqu'à 999. Il est inutile d'aller au delà.

Chercher le nombre de dizaines et de centaines contenu dans un nombre.

Lorsqu'on dit que dans 24 il y a 2 fois 10 plus 4, on peut dire aussi qu'il y a 2 *dizaines* plus 4 unités.

---

(1) On peut se servir avec avantage d'un certain nombre de fils de fer, dans lesquels on a enfilé de petits boutons de bois ou d'os. Chaque fil de fer en contient cent. Il faut avoir soin de distinguer les dizaines les unes des autres. Voyez la note de la page 11.

D'après cela l'enfant peut dire ce que c'est qu'une *dizaine* et ce que c'est qu'une *unité*. Il ne faut point ici lui donner une définition rigoureuse de l'unité, qu'il ne comprendrait pas. Il suffit de lui dire que c'est UN : lorsqu'on dit 5 pommes, l'unité est une pomme ; dans 5 aunes l'unité est une aune. On lui fera chercher différentes espèces d'unités.

Il comprendra facilement qu'une *dizaine* est dix unités, et une centaine cent unités, comme on dit quelquefois une douzaine, une quinzaine, pour 12 ou 15 unités. Les œufs se vendent à la douzaine.

— Dans 32 combien y a-t-il de dizaines et d'unités? Même question sur d'autres nombres.

— Dans 346 combien y a-t-il de *centaines*, *dizaines* et *unités*, etc.?

Composer un nombre avec des jetons de différentes couleurs, etc.

On aura des jetons de différentes couleurs auxquels on donnera des valeurs différentes suivant la couleur qui les distingue : les uns vaudront *un*, d'autres *dix*, et d'autres *cent*.

L'élève, au moyen de ces jetons, représentera le nombre qu'on lui nommera. Pour 876, par exemple, il mettra huit jetons de 100, sept de 10, et six unités.

Observation. Cet exercice amuse beaucoup les enfants, et les prépare, d'une manière très-utile, à l'intelligence du système de numération. L'usage des jetons est très-commode dans l'instruction individuelle, ou lorsque le nombre d'enfants est peu considérable ; mais il devient impraticable lorsque ceux-ci sont en grand nombre; ce serait même un sujet de distraction. On peut alors se servir d'un tableau de bois ou de carton, incliné et partagé par dix bandes saillantes, sur lesquelles on pose de petits carrés de carton de différentes couleurs, qui font l'office de jetons.

Mais ce dernier moyen, quoique très-utile, n'est pas indispensable; il peut être remplacé par un des exercices suivants. J'ajoute cette réflexion parce que plusieurs circonstances peuvent n'en pas permettre l'usage: si on l'emploie, cependant, on en retirera un grand avantage.

L'élève bien fortifié sur ces sortes d'exercices sera en état d'entendre parfaitement le système de numération. Si les enfants ont ordinairement de la peine à le comprendre, c'est que l'on néglige des exercices préliminaires qui doivent y préparer leur esprit.

Développements du système de numération.

Vous n'avez encore appris, dira le maître, à écrire les nombres que jusqu'à 9, nous allons voir maintenant comment on a représenté les autres.

Vous avez vu qu'avant l'invention des chiffres on représentait les nombres par de petits traits, ce qui était très-incommode. Or, si l'on avait eu un signe pour figurer 10 de ces traits, comme on a une pièce de 10 sous pour éviter de se servir de 10 pièces d'un sou, les nombres auraient été bien plus faciles à écrire. Par exemple, si l'on avait le signe X pour 10, combien en faudrait-il pour écrire cinquante? *R.* Il en faudrait 5. — Et pour cinquante-huit? *R.* Il en faudrait 5 et huit 1. — Et pour cent? *R.* Il en faut dix. — Ecrivez donc de cette manière *quarante-quatre*,

XXXXIIII; *trente-huit*, XXXIIIIIIII; *soixante-deux*; XXXXXXII.

On dictera ainsi beaucoup de nombres, et l'on en écrira d'autres que l'on fera lire. Tous ces nombres doivent être montrés par l'élève sur le tableau du système de numération, afin de l'habituer à attacher à ces nouveaux signes des valeurs positives dont ils ne sont que les signes sténographiques.

Si l'on veut écrire 3 ou 4 cents, il faut 30 ou 40 *dizaines* (nous appellerons dizaines les signes qui valent dix), ce qui est encore très-long à écrire; imaginons donc un signe pour *cent*, que nous appellerons *centaine*, par exemple C. Comment écrirez-vous *trois cent quarante-six?* *R.* CCCXXXXIIIIII. — Ecrivez *neuf cent quatre-vingt-dix-neuf* *R.* CCCCCCCCC XXXXXXXXXIIIIIIIII.

Décomposition d'un nombre en dizaines et centaines.

Cette manière d'écrire les nombres conduit naturellement l'élève à leur décomposition en dizaines et centaines. Ainsi, si l'on demande combien le nombre CCCXXXI contient de dizaines en tout, il dira : Dans une centaine il y a dix dizaines, par conséquent dans 3 centaines il y en aura trente; plus 3 autres dizaines, cela fait trente-trois. Il est vrai qu'il pourrait faire ce raisonnement d'après notre manière d'écrire les nombres; mais ici les centaines étant distinctes les unes des autres, cela le frappe davantage.

Cet exercice de décomposition est extrêmement

utile, c'est pourquoi il faut le continuer sur d'autres nombres jusqu'à ce qu'il soit familier à l'élève.

Autre manière plus abrégée d'écrire les nombres; $C_2X_3I_4$.

Mais, dira-t-on, il est un moyen de rendre cette manière d'écrire plus brève. Par exemple, pour écrire *huit cent quarante-trois*, au lieu de mettre huit C n'en mettons qu'un, et nous placerons à côté un petit 8 qui en indiquera la quantité. Il en sera de même pour les dizaines et les unités; on aura $C_8X_4I_3$. C_4I_4 se prononcent quatre cent quatre.

Autre manière d'écrire les nombres, etc.

On fera trois colonnes verticales, ainsi qu'on le voit ci-après, et l'on dira à l'élève que ces nombres peuvent s'écrire encore d'une autre manière en faisant de ces colonnes le même usage que des signes précédents. La première à droite est celle des unités, la seconde celle des dizaines, et la troisième celle des centaines. Un 5 placé dans la troisième colonne vaudra autant que C_5, un 6 dans la deuxième vaudra autant que X_6.

1°

C	X	I
1	1	1
2	2	2
3	3	3
4	4	4
5	5	5
6	6	6
7	7	7
8	8	8
9	9	9

2°

3	4	6
7	o	8
3	2	o
	1	8
9	o	8
7	3	7
3	4	o

On interrogera l'élève sur la valeur des chiffres placés dans les trois colonnes n° 1, en les lui indiquant au hasard. Dans les colonnes n° 2 on écrira divers nombres qu'il lira, ou il en écrira lui-même.

Enfin on écrira ces mêmes nombres sans le secours des lignes verticales, d'où on lui fera observer que la colonne des centaines étant la troisième à gauche, lorsqu'un chiffre sera de même le troisième on en conclucra qu'il doit valoir des centaines. Il en est de même des autres. Mais, ajoutera-t-on, écrivons sans lignes verticales sept cent huit. Il est clair que si l'on ne met rien à la place des dizaines, on prendra ce nombre pour soixante-dix-huit ; c'est pourquoi on y met un zéro.

Dictées de nombres, etc.

On fera de nombreuses dictées, et pour fortifier davantage l'élève dans la lecture des nombres, on aura de petites cartes sur lesquelles ils seront écrits, et que l'on tirera au hasard. On lui demandera de vive voix comment se prononce tel nombre dont on lui nommera les chiffres, ou quels sont les chiffres qu'il faut pour écrire un nombre proposé.

Autres exercices pour fortifier l'élève sur la numération.

On reviendra sur la décomposition des nombres, en demandant, par exemple, combien 644 contient de dizaines en tout. L'élève donnera la raison de sa réponse en disant : Une centaine vaut 10 dizaines,

6 centaines doivent en contenir 6 fois autant ou 60, plus 4 dizaines ; cela fait 64.

Voici un autre exercice qui tend à fortifier l'élève sur la numération.

On prononce un nombre, par exemple 730, et l'on propose les questions suivantes :

— Dans ce nombre combien y a-t-il de centaines? *R.* Sept.

— Par quel chiffre les représente-t-on? *R.* Par un 7.

— Où met-on ce 7? *R.* Dans la colonne des centaines.

— Combien reste-t-il encore à écrire? *R.* Trente.

— Dans trente combien y a-t-il de dizaines? *R.* Trois.

— Par quel chiffre les représente-t-on? — Où met-on ce 3?

— Combien reste-t-il à écrire? *R.* Rien.

— Combien y a-t-il encore de colonnes à remplir? *R.* Une.

— Par quoi la remplira-t-on? *R.* Par un zéro.

— Ce zéro est-il indispensable? — Que résulterait-il de son omission?

Autres questions, qui sont la conséquence de ce que l'on a vu.

Les chiffres ont-ils toujours la même valeur? — Quelles sont les différentes valeurs que peuvent avoir le 1, le 2, le 3, etc. — Quel est le plus grand nombre que l'on peut mettre dans la colonne des unités? —

Quel est le plus petit et quel est le plus grand que l'on peut mettre dans la colonne des dizaines?

Même question sur la colonne des centaines.

§ IV.

EXERCICES SUR LA MULTIPLICATION.

Sommaire des Exercices.

1° Différents devoirs que l'élève peut faire seul. — 2° Exercices préparatoires. Commencement de la table de multiplication. — 3° Développements de la multiplication. Différence entre les trois opérations que l'élève connaît. — 4° Des facteurs. Tableau des facteurs et des nombres premiers jusqu'à cent. — 5° Du multiplicande et du multiplicateur. — 6° Applications diverses de la multiplication. — 7° Questions pour lesquelles il faut faire plusieurs multiplications. — 8° Combinaison de la multiplication avec les opérations précédentes.

Différents devoirs que l'élève peut faire seul.

Observations. Il est nécessaire de revenir de temps en temps sur les exercices précédents, et, peu à peu, les questions qui n'avaient été proposées que sur de très-petits nombres deviennent graduellement plus compliquées. Les exercices avec des chiffres, qui ne comprenaient que les nombres jusqu'à 9, doivent maintenant en embrasser de beaucoup plus forts. On peut aussi plus facilement faire travailler l'élève seul, lorsque cela est nécessaire. Voici à peu près le genre de devoirs qu'on peut lui donner :

1° Chercher toutes les combinaisons d'un nombre par l'addition de 2, 3, 4, 5, 6 autres. Ainsi, par exemple, il composera 40 avec 6 nombres, d'autant de manières différentes qu'il pourra le faire.

2° Chercher des nombres égaux dont la somme soit donnée.

3° Chercher combien il faut ajouter à un nombre pour en avoir un autre, ou combien il faut en retrancher.

4° Chercher des nombres avec une différence donnée.

5° Des applications dans le genre de celles qui ont été proposées.

6° Ecrire les nombres depuis 1 jusqu'à 100, de 2 en 2, de 3 en 3, de 4 en 4, de 5 en 5, de 6 en 6, de 7 en 7, de 8 en 8, de 9 en 9, de 10 en 10. On ira au delà de 10, si cela se peut.

Dans les exercices préparatoires de la multiplication, il faut s'attacher principalement à former l'élève sur la table de multiplication. Dans le courant des exercices suivants, j'indiquerai différents autres devoirs que l'on peut lui donner.

Exercices préparatoires.

Répétition simultanée. Commencement de la table de multiplication.

$2+2=4$, $4+2=6$, $6+2=8$, $8+2=10$, $10+2=12$, $12+2=14$, etc.

$3+3=6$, $6+3=9$, $9+3=12$, $12+3=15$, $15+3=18$, $18+3=21$, etc.

$4+4=8$, $8+4=12$, $12+4=16$, $16+4=20$, $20+4=24$, $24+4=28$, etc.

$5+5=10$, $10+5=15$, $15+5=20$, $20+5=25$, $25+5=30$, $30+5=35$, etc.

$6+6=12$, $12+6=18$, $18+6=24$, $24+6=30$, $30+6=36$, $36+6=42$, etc.

$7+7=14$, $14+7=21$, $21+7=28$, $28+7=35$, $35+7=42$, $42+7=49$, etc.

8 + 8 = 16, 16 + 8 = 24, 24 + 8 = 32, 32 + 8 = 40, 40 + 8 = 48, 48 + 8 = 56, etc.

9 + 9 = 18, 18 + 9 = 27, 27 + 9 = 36, 36 + 9 = 45, 45 + 9 = 54, 54 + 9 = 63, etc.

2 fois 2 font 4.
2 . . 3 . . 6.
2 . . 4 . . 8.
2 . . 5 . . 10.
2 . . 6 . . 12.
2 . . 7 . . 14.
2 . . 8 . . 16.
2 . . 9 . . 18.

3 fois 2 font 6.
3 . . 3 . . 9.
3 . . 4 . . 12.
3 . . 5 . . 15.
3 . . 6 . . 18.
3 . . 7 . . 21.
3 . . 8 . . 24.
3 . . 9 . . 27.

4 fois 2 font 8.
4 . . 3 . . 12.
4 . . 4 . . 16.
4 . . 5 . . 20.
4 . . 6 . . 24.
4 . . 7 . . 28.
4 . . 8 . . 32.
4 . . 9 . . 36.

5 fois 2 font 10.
5 . . 3 . . 15.
5 . . 4 . . 20.
5 . . 5 . . 25.
5 . . 6 . . 30.
5 . . 7 . . 35.
5 . . 8 . . 40.
5 . . 9 . . 45.

6 fois 2 font 12.
6 . . 3 . . 18.
6 . . 4 . . 24.
6 . . 5 . . 30.
6 . . 6 . . 36.
6 . . 7 . . 42.
6 . . 8 . . 48.
6 . . 9 . . 54.

7 fois 2 font 14.
7 . . 3 . . 21.
7 . . 4 . . 28.
7 . . 5 . . 35.
7 . . 6 . . 42.
7 . . 7 . . 49.
7 . . 8 . . 56.
7 . . 9 . . 63.

8 fois 2 font 16.
8 . . 3 . . 24.
8 . . 4 . . 32.
8 . . 5 . . 40.
8 . . 6 . . 48.
8 . . 7 . . 56.
8 . . 8 . . 64.
8 . . 9 . . 72.

9 fois 2 font 18.
9 . . 3 . . 27.
9 . . 4 . . 36.
9 . . 5 . . 45.
9 . . 6 . . 54.
9 . . 7 . . 63.
9 . . 8 . . 72.
9 . . 9 . . 81.

Observation. On peut continuer la multiplication par 2 et par 3 jusqu'à 3 fois 50. Il est nécessaire de faire comparer dès à présent cette opération avec la division, en faisant répéter, de la manière suivante, par exemple : 6 fois 2 font 12, dans 12 il y a 6 fois 2 ; 6 fois 3 font 18, dans 18 il y a 6 fois 3, etc.

Cette habitude facilite considérablement la mémorisation de ces combinaisons, et l'élève, sans s'en douter, l'emploiera comme preuve dans les applications qu'il sera dans le cas de résoudre, parce que de bonne heure il aura été accoutumé à regarder ces deux opérations comme inverses l'une de l'autre.

Il n'est pas nécessaire d'attendre, pour passer aux exercices suivants, que l'élève sache parfaitement sa table de multiplication, ce qui entraînerait une trop grande perte de temps ; mais on y reviendra souvent dans le courant de ce chapitre. Il doit se fortifier par de nombreuses applications : avant de commencer la division, il doit la savoir sans faute.

Développements de la multiplication.

— Un sou vaut 5 centimes, combien 3 sous font-ils de centimes? *R.* 15. — Quelle opération?

L'élève répondra sans doute, *une addition.* On lui fera observer que quand on répète un nombre plusieurs fois, cette espèce d'addition prend le nom de *multiplication.*

Multiplier un nombre, c'est donc le répéter plusieurs fois.

— Qu'est-ce que multiplier un nombre?

— Qu'est-ce que la multiplication? *R.* C'est une

faire chercher un des facteurs, connaissant le produit et l'autre facteur, comme dans cette question : 8, multiplié par quel nombre, donne 24. L'élève peut faire ces exercices seul comme devoirs.

Table des nombres premiers et des facteurs de tous les nombres multiples depuis 1 jusqu'à 100.

Nombres premiers.	$4=2\times2$.
1	$6=2\times3$.
2	$8=4\times2$.
3	$9=3\times3$.
5	$10=5\times2$.
7	$12=4\times3$ 2×6.
11	$14=7\times2$.
13	$15=5\times3$.
17	$16=2\times8$ 4×4.
19	$18=6\times3$ 2×9.
23	$20=2\times10$ 4×5.
29	$21=7\times3$.
31	$22=2\times11$.
37	$24=6\times4$ 8×3 2×12.
41	$25=5\times5$.
43	$26=2\times13$.
47	$27=3\times9$.
53	$28=7\times4$ 2×14.
59	$30=3\times10$ 5×6 2×15.
61	$32=2\times16$ 8×4.
67	$33=3\times11$.
71	$34=2\times17$.
73	$35=7\times5$.
79	$36=2\times18$ 4×9 3×12 6×6.
83	$38=2\times19$.
89	$39=3\times13$.
97	$40=2\times20$ 4×10 5×8.
	$42=2\times21$ 3×14 6×7.
	$44=2\times22$ 4×11.
	$45=3\times15$ 5×9.

$46=2\times23$.
$48=2\times24$ 3×16 4×12 6×8.
$49=7\times7$.
$50=2\times25$ 5×10.
$51=3\times17$.
$52=2\times26$ 4×13.
$54=2\times27$ 3×18.
$55=5\times11$.
$56=2\times28$ 4×14.
$57=3\times19$.
$58=2\times29$.
$60=2\times30$ 3×20 4×15 5×12 6×10.
$62=2\times31$.
$63=3\times21$ 7×9.
$64=2\times32$ 4×16 8×8.
$65=5\times13$.
$66=2\times33$ 3×22 6×11.
$68=2\times34$ 4×17.
$69=3\times23$.
$70=2\times35$ 5×14 7×10.
$72=2\times36$ 3×24 4×18 6×12 8×9.
$74=2\times37$.
$75=3\times25$ 5×15.
$76=2\times38$ 4×19.
$77=7\times11$.
$78=2\times39$ 3×26 6×13.
$80=2\times40$ 4×20 5×16 8×10.
$81=3\times27$ 9×9.
$82=2\times41$.
$84=2\times42$ 3×28 4×21 6×14.
$85=5\times17$.
$86=2\times43$.
$87=3\times29$.
$88=2\times44$ 4×22 8×8.
$90=2\times45$ 3×30 5×18 6×15 9×10.
$91=7\times13$.
$92=2\times46$ 4×23.
$93=3\times31$.
$94=2\times47$.
$95=5\times19$.
$96=2\times48$ 3×32 24×4 6×16 8×12.
$98=2\times49$ 7×14.
$99=3\times33$ 9×11.
$100=2\times50$ 4×25 5×20 10×10.

Il est nécessaire de faire connaître à l'élève la différence du multiplicande et du multiplicateur ; mais pour le moment ce serait l'embarrasser de beaucoup de termes, on le fera plus tard lorsqu'il connaîtra parfaitement la signification de ceux qu'on lui a appris. Ce sera donc quand le maître le jugera à propos.

Le *multiplicande* est le nombre que l'on multiplie ou que l'on répète, et le *multiplicateur* celui qui indique combien de fois on répète le multiplicande.

Ainsi dans cette question : — Si une aune d'étoffe coûte 5 francs, combien coûteront 4 aunes? 5 devant être répété 4 fois ou multiplié par 4 est le *multiplicande;* 4 indique combien de fois il faut répéter 5, c'est le *multiplicateur* ; 20 est le produit.

On s'attachera, dans les applications, à faire distinguer ces deux nombres.

Applications.

— Une aune de ruban coûte 4 francs; combien coûteront 5 aunes?

— Une aune de ruban coûte 6 fr.; combien coûteront 6 aunes?

— Une toise a 6 pieds; combien 2, 3, 4, 5, 6, 7, 8, 9, 10 toises en contiennent-elles?

— Un pied a 12 pouces; combien 2, 3, 4, 5, 6 pieds en contiennent-ils?

— Un pouce a 12 lignes; combien y en a-t-il dans 2, 3, 4, 5, 6 pouces?

— Une livre pèse 16 onces; combien 2, 3 livres en pèsent-elles?

— Une personne lit par heure 5 pages; combien en lira-t-elle en 7 heures?

— Une feuille d'impression in-8° est de 16 pages: combien y a-t-il de pages dans un livre qui contient 3 feuilles?

— Une feuille d'impression in-12 contient 24 pages; combien y a-t-il de pages dans un livre qui contient 2 feuilles?

— Une livre de sucre coûte 30 sous; combien coûteront 2, 3 livres?

— Une once de tabac coûte 4 sous; combien coûtera une livre?

— Une semaine a 7 jours; combien 2, 3, 4, 5 semaines font-elles de jours?

Nota. Il est important d'habituer l'élève à rechercher les moyens les plus faciles de résoudre une question.

Ainsi, pour les questions précédentes, il en est qui essaieront de compter sur leurs doigts 4 fois 16; mais on leur fera remarquer qu'il est bien plus facile de dire 4 fois 10 font 40, 4 fois 6 font 24, 40 et 24 font 64.

— Combien 3 pièces de 15 sous font-elles de sous?

— Combien 4 francs font-ils de sous?

— Une livre de chandelles coûte 14 sous; combien coûteront 2, 3, 4 livres?

— Une chandelle dure 9 heures; combien dureront 4 chandelles?

— Combien 3 toises 3 pieds font-elles de pieds? (1 toise vaut 6 pieds.)

— Combien 5 toises 4 pieds font-elles de pieds?

— Combien 3 pieds 1 pouce font-ils de pouces?

— Combien 2 pouces 8 lignes font-ils de lignes?

— Si l'on tire d'un tonneau 4 bouteilles en une minute, combien en tirera-t-on en 15 minutes?

— Un quart-d'heure a 15 minutes: combien y a-t-il de minutes dans une heure?

— Un ouvrier gagne 5 francs par jour; combien gagne-t-il par semaine?

— Ma dépense journalière est de 12 francs; combien cela fait-il par semaine?

— Un ouvrier fait par jour 4 toises d'ouvrage; combien en fera-t-il en 5 jours?

— Un ouvrier fait par jour 6 toises d'ouvrage; combien 4 ouvriers en feront-ils dans le même temps?

Nota. Les applications suivantes sont plus compliquées que celles qui ont précédé; c'est pourquoi il est important de les faire toutes résoudre selon la formule indiquée après chacune d'elles. On les fera de même écrire comme elles le sont ici. C'est ainsi qu'on réunira les exercices de calcul de tête aux exercices de calcul de chiffres.

Questions pour lesquelles il faut faire plusieurs multiplications.

— Si un ouvrier fait par jour 3 toises, combien 4 ouvriers en feront-ils en 4 jours?

Solution. Si un ouvrier fait en un jour 3 toises, 4 ouvriers en feront 4 fois autant ou 12, et en 4 jours. 4 fois 12 ou 48.

— Si un ouvrier fait par jour 5 mètres d'ouvrage; combien 4 ouvriers en feront-ils en 3 jours?

Même solution. $5 \times 4 = 20$, $20 \times 3 = 60$.

— Si un cocher prend à une personne 3 fr. pour la conduire à une lieue, combien prendra-t-il à 4 personnes pour les conduire à 5 lieues?

Solution. S'il prend à une personue 3 fr. pour une lieue, à 4 personnes il prendra 12 fr., et pour 5 lieues 5 fois autant. 5 fois 12 font 60.

$$3 \times 4 = 12, \quad 12 \times 5 = 60.$$

— Un cocher prend à une personne 2 fr. pour la conduire à une lieue; que devront payer 6 personnes pour être conduites à 6 lieues?

Même solution. $6 \times 2 = 12$, $12 \times 6 = 72$.

— Un copiste écrit en une heure 5 pages; combien en écrira-t-il en 3 jours, en travaillant 5 heures par jour?

Solution. Si en une heure on écrit 5 pages, en cinq heures on en écrira 5 fois autant; 5 fois 5 font 25; en trois jours on en fera 3 fois 25 ou 75. $5 \times 5 = 25$, $25 \times 3 = 75$.

— Un courrier part de Paris et court pendant deux jours et deux nuits en faisant 3 lieues par heure; combien a-t-il fait de lieues?

Solution. En une heure il fait 3 lienes, en 24 heures il en fera 24 fois autant, et 24 fois 3 ou 3 fois 24 font 72; et en deux jours il fera 2 fois 72 lieues ou 144.

Pourquoi 3 fois 24 font-ils 72? *R.* Parce que 3 fois 20 font 60, et 3 fois 4 font 12; 60 et 12 font 72.

Pourquoi 2 fois 72 font-ils 144? *R.* Parce que 2 fois 60 font 120, et 2 fois 12 font 24. $120 + 24$ font 144.

$$24 \times 3 = 72, \quad 72 \times 2 = 144.$$

— Une fontaine donne de l'eau par 3 tuyaux, et chaque tuyau remplit en une heure 3 tonneaux; combien les 3 tuyaux en rempliront-ils en une heure? *R.* $3 \times 3 = 9$.

— Combien les 3 tuyaux en rempliront-ils en 4 heures?

Solution. Si un tuyau donne par heure 3 tonneaux d'eau, 3 tuyaux en donneront 9, et en 4 heures, 4 fois 9 ou 36.

$$3 \times 3 = 9, 9 \times 4 = 36.$$

— Une fontaine donne de l'eau par 4 tuyaux; chaque tuyau remplit 3 tonneaux en une heure; combien les 4 tuyaux en rempliront-ils en 4 heures?

Même solution que la précédente. $4 \times 3 = 12$, $12 \times 4 = 48$.

— On emploie à un travail 5 copistes travaillant 6 heures par jour, et faisant chacun 10 pages par heure; combien ont-ils fait de pages en 2 jours?

Solution. Si un copiste fait par heure 10 pages, 5 copistes en feront 5 fois 10 ou 50; en travaillant 6 heures par jour, 6 fois 50 ou 300; et en deux jours, 2 fois 300 ou 600.

$$5 \times 10 = 50, 6 \times 50 = 300, 2 \times 300 = 600.$$

— Un copiste écrit par heure 6 pages; combien 2 copistes en feront-ils en 3 jours en travaillant 5 heures par jour?

Solution. Si un copiste fait en une heure 6 pages, 2 copistes en feront 12; en travaillant 5 heures par jour, ils en feront 5 fois 12 ou 60, et en 3 jours, 3 fois 60 ou 180.

$$2 \times 6 = 12, 12 \times 5 = 60, 60 \times 3 = 180.$$

— Un copiste fait 4 pages par heure; combien

5 copistes en feront-ils en 3 jours en travaillant 5 heures par jour?

Même solution. $4 \times 5 = 20$, $5 \times 20 = 100$, $3 \times 100 = 300$.

— Un pommier donne par an 6 corbeilles de pommes: combien 6 pommiers en donneront-ils, et combien les aura-t-on vendues si on les vend 3 fr. la corbeille?

Solution. Si un pommier donne 6 corbeilles, 6 pommiers en donneront à peu près 6 fois autant, ou 36 ; et à 3 fr. la corbeille, cela fait 3 fois 36 ou 108.

$$6 \times 6 = 36, \; 3 \times 36 = 108.$$

— Une personne boit par jour 2 bouteilles de vin; combien 3 personnes qui en boivent autant l'une que l'autre en boiront-elles en deux semaines?

Solution. Si 3 personnes boivent par jour chacune 2 bouteilles, elles en boiront en tout 6 par jour, et en deux semaines, 14 fois autant, parce que deux semaines font 14 jours.

$$3 \times 2 = 6, \; 14 \times 6 = 84.$$

— Une famille est composée de 5 personnes qui mangent chacune par jour, l'un portant l'autre, 3 livres de pain et 3 livres de viande; combien auront-elles mangé de pain et de viande en une semaine?

Solution. Si une personne mange 3 livres de pain, 5 personnes en mangeront 15, et en une semaine, 7 fois 15 ou 105. Elles mangeront autant de viande que de pain, ce qui fait encore 105 livres.

$$5 \times 3 = 15, \; 15 \times 7 = 105.$$

— Une personne mange par jour 4 livres de pain,

le pain coûte 4 sous la livre; pour combien en aura-t-elle mangé dans une semaine?

$$4 \times 4 = 16,\ 7 \times 16 = 112.$$

Combinaison de la multiplication avec les deux opérations précédentes.

— J'ai acheté 3 aunes de ruban à 4 fr., et 5 aunes à 2 fr.; pour combien ai-je acheté? Quelles opérations?

Solution. 3 aunes à 4 fr. font 12 fr., 5 aunes à 2 fr. font 10 fr.; 12 et 10 font 22. Il faut faire une multiplication et une addition.

$$3 \times 4 = 12,\ 5 \times 2 = 10.$$
$$12 + 10 = 22.$$

— Un ouvrier a travaillé dans une maison pendant 4 jours à raison de 4 fr. par jour; un autre a travaillé dans la même maison pendant 4 jours à raison de 5 fr. par jour; ils ont réuni ce qu'ils avaient gagné, et en dépensent 8 fr.; combien leur reste-t-il en tout? Quelles opérations?

Solution. Si un ouvrier gagne 4 fr. par jour, en 4 jours cela fait 16 fr.; l'autre, à 5 fr., gagne 20 fr. en 4 jours. En réunissant 16 fr. et 20 fr., cela fait 36 fr., et s'ils en dépensent 8, il en reste 28. Multiplication, addition et soustraction.

$$4 \times 4 = 16,\ 5 \times 4 = 20.$$
$$20 + 16 = 36.$$
$$36 - 8 = 28.$$

— On a acheté et payé, chez un mercier, 3 aunes de ruban à 4 fr., une autre fois, 5 aunes à 4 fr. On lui en rapporte 4 aunes, combien doit-il rendre et combien lui en reste-t-il?

Solution. 3 aunes à 4 fr. font 12 fr., 5 aunes à 4 fr. font 20 fr., ensemble 32 fr. On lui rapporte 4 aunes à 4 fr., ce qui fait 16 fr. qu'il doit rendre. Otez 16 de 32, il reste 16.

$$3 \times 4 = 12, \; 5 \times 4 = 20.$$
$$20 + 12 = 32.$$
$$32 - 16 = 16.$$

— **Deux courriers partent de Paris à la même heure et suivent la même route. L'un fait 2 lieues par heure, l'autre en fait 3; à quelle distance seront-ils l'un de l'autre après avoir marché 18 heures?**

Solution. Au bout de 18 heures l'un aura fait 36 lieues, et l'autre 3 fois 18 ou 54. La différence est 18.

$$2 \times 18 = 36, \; 3 \times 18 = 54.$$
$$54 - 36 = 18.$$

— **Un courrier part de Paris à midi et arrive à sa destination le surlendemain à 6 heures du matin. On demande combien il a fait de lieues, sachant qu'il en a fait 2 par heure, et qu'il s'est reposé en tout 4 heures?**

Solution. De midi au lendemain à la même heure il y a 24 heures, du lendemain au surlendemain à midi il y a encore 24 heures, en tout 48 heures; mais comme il est arrivé à 6 heures du matin, cela fait 6 heures de moins, moins encore les 4 heures pendant lesquelles il s'est reposé. Il reste 38 heures. A 2 lieues par heure, cela fait 2 fois 38 ou 76.

$$2 \times 38 = 76.$$

— Deux copistes travaillent à un ouvrage; l'un travaille pendant 5 heures et fait 5 pages par heure, l'autre travaille pendant 4 heures, mais fait 8 pages par heure; combien ont-ils fait en tout?

$$5 \times 5 = 25,\ 4 \times 8 = 32.$$
$$25 + 32 = 57.$$

— Trois copistes travaillent à un ouvrage; l'un travaille pendant 3 heures et fait 4 pages par heure, le second travaille pendant 5 heures et fait 3 pages par heure, le troisième travaille pendant 2 heures et fait 6 pages par heure; combien en ont-ils fait en tout?

Le premier $3 \times 4 = 12$; le deuxième $5 \times 3 = 15$; le troisième $6 \times 2 = 12$.

Ensemble : $12 + 12 + 15 = 39$.

— Un marchand achète du drap à 20 fr. l'aune qu'il revend 25; combien a-t-il gagné sur 2 ou 3, 4, 5, 6 aunes?

— Un marchand achète de la toile à 3 fr. l'aune, il la revend 7 fr.; combien a-t-il gagné sur 10, 11, 12 aunes?

— Un marchand achète de la toile à 6 fr., il gagne 2 fr. par aune; combien aura-t-il vendu 3, 4, 5, 6, 7 aunes?

— Une personne avait en sortant de chez elle une certaine somme. Elle achète 3 aunes d'une étoffe à à 15 fr., 4 aunes d'une autre étoffe à 8 fr. Il lui reste 24 fr.; combien avait-elle?

$$3 \times 15 = 45,\ 4 \times 8 = 32.$$
$$45 + 32 + 24 = 101 \text{ fr.}$$

— Un marchand vend 4 aunes de toile à 6 fr.

l'aune et gagne 2 fr. par aune, 3 aunes à 8 fr. l'aune et gagne 3 fr. par aunes; pour combien a-t-il vendu, et combien a-t-il gagné?

Solution. 4 aunes à 6 fr. = 4 × 6 = 24 fr. 3 aunes à 8 f. = 3 × 8 = 24; 24 + 24 = 48.

Donc il a vendu pour 48 fr. Sur la première qualité de toile il gagne 2 fr. par aune, sur les 6 aunes il en gagnera 12. Il gagne 3 fr. par aune sur la seconde qualité, sur les 3 aunes il gagnera 9 fr. En tout il a gagné 9 + 12 = 21 fr. Si l'on retranche le gain 21 du prix de la vente 48, on saura combien ces marchandises lui ont coûté. 48 — 21 = 27.

— Un marchand vend 5 aunes de toile à 6 fr. et gagne 2 fr. par aune, 8 aunes à 7 fr. et gagne 3 fr. par aune; combien ces marchandises lui ont-elles coûté, et combien a-t-il gagné?

Solution. 5 aunes à 6 fr. = 5 × 6 = 30. 8 aunes à 7 fr. = 8 × 7 = 56; 56 + 30 = 86.

Il les a donc vendues 86 fr. Il gagne sur la première qualité 5 × 2 = 10 fr., et sur la seconde 8 × 3 fr. = 24. En tout 10 + 24 = 34. 86 fr. moins 34 font 52.

Donc ces marchandises lui ont coûté 52 fr. Il les revend 86, sur quoi il gagne 34 fr.

§ V.

EXERCICES SUR LA DIVISION.

Sommaire des Exercices.

1° Prendre la moitié, le tiers, le quart, etc. d'un nombre. — 2° Un nombre donné est le double ou le triple de quel autre nombre? — 3° Chercher combien un nombre est contenu de fois dans un autre nombre? — 4° Nombres pairs et nombres impairs. — 5° Propriété des nombres pairs et des nombres impairs. — 6° Développements relatifs à la division. Sa définition. Comparaison de cette opération avec les précédentes. — 7° Applications. Division simple. — 8° Questions pour lesquelles il faut faire plusieurs divisions. — 9° Combinaison des diverses opérations.

Exercices préparatoires.

Répétition simultanée. Prendre la moitié d'un nombre.

On pose sur l'arithmomètre le nombre 1, et les élèves disent ensemble :

1 est la moitié de 2.

On pose de même 2, 3, 4, etc., et ils disent :

2 est la moitié de	4.	6 est la moitié de	12.
3	6.	7	14.
4	8.	8	16.
5	10.	9	18.

On interroge ensuite les élèves séparément, en leur demandant quelle est la moitié de tel ou tel nombre.

On fera le même exercice sur le tiers, le quart, etc.

Prendre le tiers d'un nombre.

1 est le tiers de	3.	6 est le tiers de	18.
2	6.	7	21.
3	9.	8	24.
4	12.	9	27.
5	15.	10	30.

Prendre le quart d'un nombre.

1 est le quart de	4.	6 est le quart de	24.
2	8.	7	28.
3	12.	8	32.
4	16.	9	36.
5	20.	10	40.

Ces répétitions, qui se font d'abord sur l'arithmomètre, se font ensuite de mémoire.

Un nombre donné est le double de quel autre nombre?

2 est le double de	1.	12 est le double de	6.
4	2.	14	7.
6	3.	16	8.
8	4.	18	9.
10	5.	20	10.

Un nombre donné est le triple de quel autre nombre?

3 est le triple de	1.	21 est le triple de	7.
6	2.	24	8.
9	3.	27	9.
12	4.	30	10.
15	5.	33	11.
18	6.	36	12.

Chercher combien un nombre est contenu de fois dans un autre nombre.

Dans				Dans			
2 il y a	1 fois	2		3 il y a	1 fois	3	
3 . . .	1 . .	2	plus 1.	4 . . .	1 . .	3	plus 1.
4 . . .	2 . .	2		5 . . .	1 . .	3	plus 2.
5 . . .	2 . .	2	plus 1.	6 . . .	2 . .	3	
6 . . .	3 . .	2		7 . . .	2 . .	3	plus 1.
7 . . .	3 . .	2	plus 1.	8 . . .	2 . .	3	plus 2.
8 . . .	4 . .	2		9 . . .	3 . .	3	

9 il y a 4 fois 2 plus 1.	10 il y a 3 fois 3 plus 1.
10 . . . 5 . . 2	11 . . . 3 . . 2 plus 2.
11 . . . 5 . . 2 plus 1.	12 . . . 4 . . 3
12 . . . 6 . . 2	13 . . . 4 . . 3 plus 1.
13 . . . 6 . . 2 plus 1.	14 . . . 4 . . 3 plus 2.

On continuera cet exercice en cherchant, comme on vient de le faire, combien 4, 5, 6, 7, 8, 9, 10, etc., sont contenus de fois dans les différents nombres.

Nombres pairs et nombres impairs.

Peut-on séparer 3 en deux parties égales et entières? *R.* Non.

Peut-on séparer 4 en deux parties égales et entières? *R.* Oui.

Même question sur 5, 6, 7, 8, 9, 10.

Les nombres que l'on peut séparer en deux parties égales et entières s'appellent *nombres pairs*.

Ceux au contraire que l'on ne peut pas partager de cette manière s'appellent *nombres impairs*.

Donnez des nombres pairs; donnez des nombres impairs.

Nommez tous les nombres pairs depuis 2 jusqu'à 100, d'abord dans l'ordre naturel, puis dans un ordre inverse.

Nommez de même tous les nombres impairs.

Propriété des nombres pairs et des nombres impairs.

— Quelle est la somme de 3 et 7? *R.* 10.

— Quelle est la somme de 5 et 9? R. 14.

— Quelle est la somme de 9 et 11? *R.* 20.

D'où l'on voit que la somme de deux nombres *impairs* est toujours un nombre *pair*.

— Quelle est la somme de 6 et 8? *R.* 14.

— Quelle est la somme de 10 et 4? *R.* 14.

— Quelle est la somme de 12 et 8? R. 20.

D'où l'on conclut que la somme de deux nombres *pairs* est toujours un nombre *pair*.

— Quelle est la somme de 3 et 4? *R.* 7.

— Quelle est la somme de 9 et 12? *R.* 21.

— Quelle est la somme de 11 et 14? *R.* 25.

D'où l'on voit que la somme d'un nombre *pair* et d'un nombre *impair* est toujours un nombre *impair*.

Cherchez tous les nombres, depuis 1 à 50 ou 100, dont on peut prendre le tiers.

Cherchez de même tous ceux dont on peut prendre le quart, le cinquième, etc. On peut donner cet exercice comme devoir.

Les nombres dont on peut prendre le tiers s'appellent *nombres triples*; ceux dont on peut prendre le quart s'appellent *nombres quadruples*; et ceux dont on peut prendre le cinquième, *quintuples*.

Développements relatifs à la division. Sa définition. Comparaison de cette opération avec les précédentes.

— J'ai 10 pommes que je veux partager également entre deux personnes; combien chacune en aura-t-elle? *R.* 5.

— Trois aunes de toile coûtent 9 fr.; combien coûte une aune? *R.* Le tiers de 9 ou 3.

Pour trouver la réponse à ces deux questions, il a

fallu partager 10 en deux parties égales, et 9 en trois.

Partager un nombre en parties égales, s'appelle *diviser*, et l'opération par laquelle on divise s'appelle *division*.

— Qu'est-ce que *diviser* un nombre?

— Qu'est-ce que la *division?* R. *La division est une opération par laquelle on partage un nombre en parties égales.*

— 16 *liards font combien de sous?*

Puisqu'un sou a 4 liards, autant il y a de fois 4 liards dans 16 liards, autant il y a de sous. On voit qu'il y a 4 fois 4 liards, ce qui fait 4 sous.

Pour cette question, il faut voir combien un nombre est contenu de fois dans un autre. Cette opération est aussi une division.

D'où l'on conclut que : *la division est non-seulement une opération par laquelle on partage un nombre en parties égales, mais encore par laquelle on voit combien un nombre est contenu de fois dans un autre.*

— Combien avons-nous vu d'opérations?

R. Quatre. *L'addition*, par laquelle on ajoute plusieurs nombres ensemble; *la soustraction*, par laquelle on les retranche les uns des autres; *la multiplication*, par laquelle on répète un nombre plusieurs fois, et *la division*, par laquelle on partage un nombre en parties égales, ou par laquelle on voit combien un nombre en contient de fois un autre.

— Si une toise a 6 pieds, combien 18 pieds font-ils de toises? Quelle opération faut-il faire? R. Une division, parce qu'il faut voir combien 6 est contenu de fois dans 18.

— Combien 7 est-il contenu de fois dans 21? *R.* 3 fois.

Le nombre qui indique combien un nombre est contenu de fois dans un autre, s'appelle *quotient.*

— Qu'est-ce que le quotient?

— Quelle est la somme de 12 et 2? *R.* 14.

— Quelle est la différence de 12 et 2? *R.* 10.

— Quel est le produit de 2 et 12? *R.* 24.

— Quel est le quotient de 12 divisé par 2? *R.* 6.

Nota. On insistera beaucoup sur ce dernier exercice, en faisant combiner deux nombres par toutes les opérations.

— J'ai reçu une fois 25 fr. et une autre fois 12; combien ai-je reçu? Quelle opération? Pourquoi?

— J'avais 30 fr., j'en ai dépensé 13; combien me reste-t-il? Quelle opération? Pourquoi?

— Une livre de sucre coûte 30 sous; combien coûteront 6 livres? Quelle opération? Pourquoi?

— J'ai 27 sous que je veux partager également entre 3 pauvres; combien chacun en aura-t-il? Quelle opération? Pourquoi?

On fera connaître ce que c'est que *le dividende* et *le diviseur*, et dans les applications que l'on a à présenter, on s'attachera à faire distinguer ces deux nombres. Le dividende est le nombre partagé, et le diviseur est celui qui partage ou qui est contenu dans le dividende. Ainsi, dans cette question : On veut partager 27 sous entre trois pauvres, quelle est la part de chacun? 27 est le dividende, 3 le diviseur, et 9 le quotient. Dans celle-ci : 6 aunes coûtent 24 fr., combien coûte l'aune? 24 fr. est le dividende, 6 le diviseur, et 4 le quotient.

Applications. Division simple.

— Combien 25 centimes font-ils de sous?

— Combien 21, 22, 23, 24, etc., centimes font-ils de sous?

— Un franc vaut 20 sous; combien 25, 30, 40, 46, 59, 60, 71 sous font-ils de francs?

— Si un ouvrier a gagné 30 francs en 5 jours, combien cela fait-il par jour?

— Un ouvrier gagne 60 francs en une semaine; combien cela fait-il par jour? (Une semaine de 6 jours.)

— Une livre vaut 16 onces; combien 17, 20, 30, 32, etc., onces font-elles de livres?

— Combien 20, 22, 26, 30, 36, 42, 50 onces font-elles de livres de 14 onces?

— Combien 20, 22, 27, 30, 34, etc., onces font-elles de livres de 17 onces?

Même question sur les livres de 18 onces.

— Combien 15, 18, 20, 24, 30, etc., pouces font-ils de pieds?

— Combien 15, 16, 17, 18, 19, 20, etc., pieds font-ils de toises?

— Combien faut-il de pièces de 5 fr. pour faire 28, 30, 36, 38, 40, 48, etc., fr.?

— Combien faut-il d'écus de 6 fr. pour faire 25, 30, 38, 40, 45, 50 fr.?

— Combien 12, 16, 20, 24, 30, 32, 40, etc., gros font-ils d'onces? (1 once vaut 8 gros.)

— Combien 12 demi-aunes font-elles d'aunes?

— Combien 15, 16, 17, 18, 19, 20, etc., demi-aunes font-elles d'aunes? *R.* 15 demi-aunes font 7 aunes et demie, etc.

— Combien 6, 9, 10, 11, 12, 13, 14, 15, 16, 17, 18, etc., tiers d'aunes font-ils d'aunes?

— Combien 8, 9, 10, 11, 12, 13, 14, 15, 16, 17, 18, 19, 20, 21, etc., quarts d'aunes font-ils d'aunes?

R. 8 quarts = 2 aunes; 9 quarts = 2 aunes et 1 quart; 10 quarts = 2 aunes 2 quarts; 11 quarts = 2 aunes 3 quarts; 12 quarts = 3 aunes, etc.

— 6 aunes ont coûté 36 fr.; combien coûte l'aune?

— 7 aunes ont coûté 21, 28, 35, 42, 49, 56, 63 fr.; combien coûte l'aune?

— 3 aunes coûtent 60 fr.: que coûte l'aune?

— 4 aunes coûtent 100 fr.: que coûte l'aune?

Même question si 3 aunes coûtent 90 fr., 4 aunes 64 fr., 5 aunes 80 fr., 6 aunes 72 fr., 12 aunes 144 fr., 20 aunes 200 fr., etc.

Observation. Il est important, comme je l'ai dit plus haut, d'habituer l'élève à chercher les moyens les plus faciles de résoudre une question; or voici comment il devra s'y prendre pour celles-ci.

1° Si 3 aunes coûtent 90 fr., une aune coûtera la troisième partie de 90 fr. La troisième partie de 60 est 20; il

— Si 4 copistes font en 4 jours 144 pages en travaillant 3 heures par jour, combien 1 copiste en fait-il par heure?

R. 144 | 4=36 ; 36 | 4=9 ; 9 | 3=3 pages par heure.

— Si une fontaine remplit en 2 heures 30 tonneaux en jetant de l'eau par 3 tuyaux, combien chaque tuyau en remplit-il par heure?

Solution. En 1 heure les 3 tuyaux en rempliront la moitié de 30 ou 15, et un seul tuyau en remplira la troisième partie ou 5 par heure. 30 | 2 = 15, 15 | 3 = 5.

— Une fontaine donne de l'eau par 4 tuyaux, et remplit en 5 heures 100 tonneaux ; combien chaque tuyau en remplit-il par heure?

R. 100 | 4=25, 25 | 5=5.

Combinaison des diverses opérations.

— Une personne a dépensé pendant 3 jours les sommes suivantes : le premier jour 12 fr., le second 9 et le troisième 9 ; combien cela fait-il par jour l'un portant l'autre?

(*L'un portant l'autre* signifie que les différentes sommes doivent être réparties, comme si l'on avait également dépensé chaque jour.)

Solution. 12+9+9=30 fr. en 3 jours ; ce qui fait par jour 10 fr. (add. et div.)

— Une personne dépense en 4 jours les sommes suivantes : le premier jour 16 fr., le deuxième 20, le troisième 26 et le quatrième 18 ; combien cela fait-il par jour l'un portant l'autre?

Solution. 16 + 20 + 26 + 18 = 80 fr. en 4 jours, et par jour 20 fr. (Add. et div.)

— Une personne achète 3 aunes de toile à 6 fr. l'aune et 3 aunes d'une autre qualité à 8 fr.; à combien revient l'aune l'un portant l'autre?

Solution. 3 aunes à 6 fr. = 3 × 6 = 18 fr.
3 . . . . 8 fr. = 3 × 8 = 24 fr.
24 + 18 = 42 fr. pour 6 aunes.

Et pour chaque aune 42 | 6 = 7 fr. (Mult., add. et div.)

— J'ai écrit pendant 4 jours, savoir : 18, 21, 15 et 20 pages; combien cela fait-il par jour l'un portant l'autre?

Solution. 18 + 21 + 15 + 10 = 64 pages en 4 jours, et 64 | 4 = 16. (add. et div.)

— J'ai dépensé pendant une semaine les sommes suivantes : 16 fr., 8 fr., 14 fr., 23 fr., 30 fr., 9 fr., 7 fr., 12 fr.; combien cela fait-il par jour l'un portant l'autre?

Solution. 16 + 8 + 14 + 23 + 30 + 9 + 7 + 12 = 119 fr. en 7 jours; et en 1 jour 119 | 7 = 17. (Add. et div.)

Pour trouver la septième partie de 119, on prendra d'abord la septième partie d'un nombre connu, comme 49, dont la septième partie est 7; 49 et 49 font 98, dont la septième partie doit être double, par conséquent 14; de 98 pour aller à 119, il reste 21, dont la septième partie est 3; 14 et 3 font 17 : donc la septième partie de 119 est 17.

Il est important d'habituer l'élève à diviser de cette manière. En voici quelques exemples.

Prendre la sixième partie de 140.

Solution. La sixième partie de 60 est 10, de 120 elle est 20; il reste encore 20, dont la sixième partie est 3, et il reste 2 : donc la sixième partie de 140 est 23, et il reste 2.

Prendre la neuvième partie de 200.

Solution. La neuvième partie de 90 est 10; 90 et 90 font 180; la neuvième partie de 180 est 20, il reste encore 20 : donc la neuvième partie de 200 est 22, et il reste 2.

Prendre la onzième partie de 199.

Solution. La onzième partie de 99 est 9; 99 et 99 font 198, dont la onzième partie est 18 : donc la onzième partie de 199 est 18, et il reste 1.

— Si 3 aunes coûtent 12 fr., combien coûtent 2 aunes?

Solution. Si 3 aunes coûtent 12 fr., une aune en coûtera la troisième partie ou 4 fr., et 2 aunes coûteront 2 fois 4 fr. ou 8 fr. (Div. et mult.)

$12 \mid 3 = 4$, $4 \times 2 = 8$.

— Si 5 aunes coûtent 15 fr., combien coûteront 6 aunes?

Solution. Si 5 aunes coûtent 15 fr., 1 aune coûtera 3 fr., et 6 aunes 6 fois 3 francs ou 18 francs. $15 \mid 5 = 3$, $3 \times 6 = 18$. (Div. et mult.)

— Si 8 aunes coûtent 48 fr., combien coûteront 5 aunes?

Solution. Si 8 aunes coûtent 48 fr., 1 aune coûtera

la huitième partie de 48, ou 6 fr., et 5 aunes coûteront 5 fois autant; 5 fois 6 font 30 : $48 | 8 = 6$, $6 \times 5 = 30$. (Div. et mult.)

— Si 10 ouvriers font 60 toises d'ouvrage, combien 7 ouvriers en feront-ils?

Solution. $60 | 10 = 6$, $6 \times 7 = 42$. (Div. et mult.)

— Si 12 ouvriers font en 1 jour 60 toises, combien 15 ouvriers en feront-ils?

Solution. $60 | 12 = 5$, $5 \times 15 = 75$. (Div. et mult.)

— Si 15 ouvriers font 90 toises en 1 jour, combien 7 ouvriers en feront-ils?

$$90 | 15 = 6, \ 6 \times 7 = 42.$$

— S'il faut 12 jours à 5 ouvriers pour faire un certain ouvrage, combien faudra-t-il de temps à 3 ouvriers pour faire le même ouvrage?

Solution. S'il faut à 5 ouvriers 12 jours, à 1 ouvrier il faudra 5 fois autant de temps. Il lui faudra donc $5 \times 12 = 60$; mais à 3 ouvriers il faudra 3 fois moins de temps qu'à 1 ouvrier, par conséquent le tiers de 60, ou 20 jours.

$$12 \times 5 = 60, \ 60 | 3 = 20.$$

— S'il faut 15 jours à 6 ouvriers pour faire un certain ouvrage, combien faudra-t-il de temps à 10 ouvriers?

Solution. S'il faut 15 jours à 6 ouvriers, à 1 ouvrier il faudra 6 fois autant de temps, et 6 fois 15 font 90; mais à 10 ouvriers il faudra 10 fois moins de temps qu'à 1 seul, par conséquent la dixième partie de 90 jours, ou 9 jours : $15 \times 6 = 90$, $90 | 10 = 9$.

— Si 6 chevaux mangent une certaine quantité de

foin en 12 jours, combien cette même quantité de foin durera-t-elle à 8 chevaux?

Solution. Si 6 chevaux consomment cette quantité de foin en 12 jours, un cheval la consommera en 72 jours, et 8 chevaux la consommeront en 8 fois moins de temps. La huitième partie de 72 est 9 :

$$12 \times 6 = 72, \quad 72 \mid 8 = 9.$$

— Si 3 ouvriers font en 6 jours 36 toises, combien 5 ouvriers en feront-ils en 8 jours?

Solution. Si 3 ouvriers font en 6 jours 36 toises, un seul ouvrier en fera la troisième partie ou 12, et en un jour, la sixième partie de 12 toises ou 2 toises; 5 ouvriers en feront 5 fois autant qu'un seul, c'est-à-dire 5 fois 2 toises ou 10 toises, et en 8 jours 8 fois 10 toises ou 80 toises :

$$36 \mid 3 = 12, \quad 12 \mid 6 = 2.$$
$$2 \times 5 = 10, \quad 10 \times 8 = 80.$$

— Si 5 ouvriers font en 8 jours 80 toises, combien chaque ouvrier en fait-il en 4 jours?

Solution. Puisque les 5 ouvriers font ces 80 toises en 8 jours, en 4 jours ils en font la moitié ou 40 toises, et chaque ouvrier en fait la cinquième partie de 40 ou 8 toises : $80 \mid 2 = 40$, $40 \mid 5 = 8$.

— Si 4 ouvriers font en 9 jours 90 toises, combien 2 ouvriers en feront-ils en 12 jours?

Solution. 2 ouvriers feront la moitié de 90 toises ou 45 toises, et en 1 jour la neuvième partie de 45 toises ou 5 toises; en 12 jours ils en feront 12 fois 5 ou 60 :

$$90 \mid 2 = 45, \quad 45 \mid 9 = 5.$$
$$5 \times 12 = 60.$$

— 3 ouvriers font en 4 jours, en travaillant 6 heures par jour, 72 mètres; combien 4 ouvriers en feront-ils en 8 jours, en travaillant 5 heures par jour?

Solution. Un ouvrier fera le tiers de 72 mètres ou 24 mètres; en 1 jour il en fera le quart, le quart de 24 est 6, et en 1 heure la sixième partie de 6 ou 1. Un ouvrier fait donc 1 mètre par heure; mais en 5 heures il en fera 5, et en 8 jours 8 fois 5 ou 40; 4 ouvriers travaillant de même en feront 4 fois autant, 4 fois 40 font 160:

$$72 \mid 3 = 24, \ 24 \mid 4 = 6, \ 6 \mid 6 = 1.$$
$$1 \times 5 = 5, \ 5 \times 8 = 40, \ 40 \times 4 = 160.$$

— 6 ouvriers font en 3 jours, en travaillant 5 heures par jour, 180 mètres; combien 10 ouvriers en feront-ils en 2 jours, en travaillant 6 heures par jour?

Solution. Un ouvrier fera la sixième partie de cet ouvrage; la sixième partie de 180 est 30; en 1 jour il fera le tiers de 30 ou 10, et en 1 heure la cinquième partie de 10 ou 2 mètres; 10 ouvriers en feront 10 fois autant ou 20; en 2 jours 2 fois 20 ou 40, et en travaillant 6 heures par jour, 6 fois 40 ou 240:

$$180 \mid 6 = 30, \ 30 \mid 3 = 10, \ 10 \mid 5 = 2.$$
$$2 \times 10 = 20, \ 20 \times 2 = 40, \ 40 \times 6 = 240.$$

§ VI.

EXERCICES SUR LES FRACTIONS.

Sommaire des Exercices.

1° Dénomination des fractions. — 2° Comparaison de plusieurs fractions entre elles sous le rapport de leur valeur. — 3° Former les entiers par l'addition successive des demies, des tiers, des quarts, etc. — 4° Réduction des fractions en entiers. — 5° Réduction des entiers en fractions. — 6° Multiplier un nombre d'entiers et de fractions par un nombre entier. — 7° Prendre la moitié, le tiers, etc., d'un nombre quelconque. — 8° Continuation de l'exercice précédent. — 9° Développements relatifs aux fractions. Manière de les écrire. Du numérateur et du dénominateur. — 10° Changements qui s'opèrent dans une fraction par l'augmentation ou la diminution des termes. — 11° Extraire les entiers d'une expression fractionnaire. — 12° Réductions des entiers en fractions (extension du cinquième exercice). — 13° Addition de plusieurs nombres fractionnaires. — 14° Combien il faut ajouter à un nombre fractionnaire donné pour avoir un autre nombre fractionnaire. — 15° Soustraire des nombres fractionnaires. — 16° Applications.

Observations. Les fractions présentent une foule d'exercices très-utiles et qui développent considérablement l'intelligence de l'enfant. Par le moyen des objets sensibles, il acquiert une intuition parfaite de leurs valeurs, en les comparant, soit par l'addition, soit par la soustraction, et même par la multiplication. Il en est de même pour les fractions que pour les nombres entiers : il n'aura plus que des formules à apprendre, parce qu'il les comprendra d'avance. C'est ainsi que, dès leur bas âge, des enfants peuvent être exercés sur cette partie.

Les principaux objets matériels dont on doit faire usage dans l'instruction simultanée sont les tableaux ci-après et les cubes ; dans l'instruction individuelle, on peut se servir d'une multitude d'autres objets dont on ne peut pas faire usage avec un grand nombre d'enfants. Ainsi, des fruits et mille autres choses peuvent devenir le sujet d'une leçon. (Voir, pour les premiers exercices sur les fractions, le premier cours, page 48.)

Le premier tableau consiste en une suite de carrés, que l'on considère comme autant d'unités ou d'entiers; dans le deuxième rang horizontal, ils sont partagés en demies, dans le troisième en tiers, dans le quatrième en quarts, etc. Il sert à démontrer la formation des entiers par une suite de fractions ou la réduction de celles-ci en entiers. On demande, par exemple, combien 7 entiers 4 cinquièmes font de cinquièmes. L'élève résout ainsi la question, en démontrant sur le tableau : Un entier contient cinq cinquièmes ; 7 entiers en contiendront 7 fois autant ; 7 fois 5 font 35, plus 4 cinquièmes, cela fait 39 cinquièmes. Il démontre de même que 50 sixièmes font 8 entiers 2 sixièmes.

On fera ensuite considérer des volumes comme unités, en se servant de cubes. On forme, avec de petits cubes, des cubes plus forts, que l'on prend pour entiers, et chacun des petits en est une fraction.

Le deuxième tableau est pour démontrer la formation des fractions de fraction. Les carrés qui sont divisés verticalement en demies sont subdivisés horizontalement, de manière que les demies forment des quarts, des sixièmes, des huitièmes, etc. C'est sur ce tableau que l'élève démontre que la septième partie d'un neuvième est un soixante-troisième, et qu'il se prépare à la multiplication des fractions.

Enfin, après avoir résolu toutes ces questions sur les objets sensibles, il faudra les faire suivre de l'abstraction, c'est-à-dire les faire résoudre sans le secours de ces mêmes objets.

Exercices préparatoires.

Dénomination des fractions.

— Si l'on partage une pomme en deux parties égales, chaque partie est une *demie;* si on la partage en trois parties, chaque partie est un *tiers;* en quatre, c'est un *quart;* en cinq, c'est un *cinquième*, etc.

— Si l'on partage de même une baguette ou une bande de papier en 2, 3, 4, 5 parties, on aura 2 demies, 3 tiers, 4 quarts, etc.

Il en sera de même si l'on partage un cube ou un des carrés du premier tableau.

— Qu'est-ce qu'une demie? *R.* C'est la moitié d'un entier.

— Combien faut-il de demies pour faire un entier? *R.* 2.

— Qu'est-ce qu'un tiers? Combien faut-il de tiers pour faire un entier, etc.?

Même question sur les autres divisions de l'unité jusqu'au dixième, etc.

Montrez sur le tableau *une demie, un tiers, un quart*, etc.

Montrez de même *deux tiers, deux quarts, trois quarts*, etc.

Comparaison de plusieurs fractions entre elles.

— Lequel vaut le plus d'*un tiers* ou d'*une demie?*

— Lequel vaut le plus d'*un tiers* ou d'*un quart*, d'*un cinquième* ou d'*un huitième*, d'*un septième* ou d'*un neuvième?*

On fera sentir à l'élève, ou plutôt on lui fera trouver à lui-même, que plus il y a de parties dans un entier, plus elles sont petites. On lui dira, par exemple : Si vous êtes 4 pour partager une pomme, en aurez-vous chacun plus ou moins que si vous n'étiez que trois?

On lui fera de même remarquer que la valeur des fractions est relative à celle de l'entier ; qu'ainsi plus un entier est grand, plus ses demies, ses tiers, etc., sont grands.

— Quelle partie un liard est-il d'un sou? *R.* Le quart. — Quelle partie en est un centime? *R.* Le cinquième. — Lequel vaut le plus d'un sou ou d'un centime?

— Quelle partie un denier est-il d'un sou? *R.* Un douzième. Lequel vaut le plus d'un denier ou d'un centime?

— Lequel vaut le plus d'une aune ou de deux demi-aunes, d'un tiers d'aune ou d'un sixième?

Observation. Il est nécessaire de montrer à l'élève le poids, la mesure ou la monnaie dont on lui parle, de lui faire comparer les parties de ces mesures avec l'unité ; autrement, ce serait pour lui des mots vides de sens, s'il n'en avait pas déjà une idée, et le fruit de ces exercices serait pour ainsi dire nul.

Former les entiers par l'addition successive des demies, des tiers, des quarts, etc.

Répétitions simultanées.

1 demie et 1 demie font 2 demies ou 1 entier.
1 entier et 1 3
3 demies et 1 . . . . 4 ou 2 entiers.
2 entiers et 1 5
5 demies et 1 . . . . 6 ou 3 entiers.
etc., etc.

1 tiers et 1 tiers font 2 tiers, 2 tiers et 1 tiers font 3 tiers ou 1 entier.

1 entier et 1 tiers font 4 tiers, 1 entier et 2 tiers font 5 tiers, 1 entier et 3 tiers font 6 tiers ou 2 ent.

2 entiers et 1 tiers font 7 tiers, 2 entiers et 2 tiers font 8 tiers, 2 entiers 3 tiers font 9 tiers ou 3 entiers.

3 entiers et 1 tiers font 10 tiers, 3 entiers 2 tiers font 11 tiers, 3 entiers 3 tiers font 12 tiers ou 4 ent.

On continuera cet exercice jusqu'à 10 entiers.

1 quart et 1 quart font 2 quarts, 2 quarts et 1 quart font 3 quarts, 3 quarts et 1 quart font 4 quarts ou 1 entier.

1 entier et 1 quart font 5 quarts, 1 entier 2 quarts font 6 quarts, 1 entier 3 quarts font 7 quarts, 1 entier 4 quarts font 8 quarts ou 2 entiers.

2 entiers et 1 quart font 9 quarts, 2 entiers 2 quarts font 10 quarts, 2 entiers 3 quarts font 11 quarts, 2 entiers 4 quarts font 12 quarts ou 3 entiers, etc., etc.

1 cinquième et 1 cinquième font 2 cinquièmes, 2 cinquièmes et 1 cinquième font 3 cinquièmes, 3 cinquièmes et 1 cinquième font 4 cinquièmes, 4 cinquièmes et 1 cinquième font 5 cinquièmes ou un entier.

1 entier et 1 cinquième font 6 cinquièmes, 1 entier et 2 cinquièmes font 7 cinquièmes, 1 entier et 3 cinquièmes font 8 cinquièmes, 1 entier et 4 cinquièmes font 9 cinquièmes, 1 entier et 5 cinquièmes font 10 cinquièmes ou 2 entiers.

On continuera cet exercice sur les entiers formés par les sixièmes, les septièmes, huitièmes, neuvièmes et dixièmes.

Réduction des fractions en entier.

1 tiers égale 1 entier moins 2 tiers, 2 tiers font 1 entier moins 1 tiers, 3 tiers font 1 entier.

4 tiers font 1 entier et 1 tiers, 5 tiers font 1 entier et 2 tiers, 6 tiers font 2 entiers.

7 tiers font 2 entiers et 1 tiers, 8 tiers font 2 entiers et 2 tiers, 9 tiers font 3 entiers, etc., etc.

1 quart égale 1 entier moins 3 quarts, 2 quarts font 1 entier moins 2 quarts, 3 quarts font 1 entier moins 1 quart, 4 quarts font 1 entier.

5 quarts font 1 entier et 1 quart, 6 quarts font 1 entier et 2 quarts, 7 quarts font 1 entier et 3 quarts, 8 quarts font 2 entiers.

9 quarts font 2 entiers et 1 quart, 10 quarts font 2 entiers et 2 quarts, 11 quarts font 2 entiers et 3 quarts, 12 quarts font 3 entiers.

On continuera de même sur les cinquièmes, les sixièmes, etc.

Réduction des entiers en fractions.

Répétition simultanée.

1 entier vaut 2 demies; 2 entiers font 2 fois 2 demies ou 4 demies; 3 entiers font 3 fois 2 demies ou 6 demies; 4 entiers font 4 fois 2 demies ou 8 demies, etc.

10 entiers font 10 fois 2 demies ou 20 demies.

1 entier vaut 3 tiers; 2 entiers font 2 fois 3 tiers ou 6 tiers; 3 entiers font 3 fois 3 tiers ou 9 tiers; 4 entiers font 4 fois 3 tiers ou 12 tiers, etc.

10 entiers font 10 fois 3 tiers ou 30 tiers.

On continuera le même exercice sur les quarts, cinquièmes, sixièmes, septièmes, huitièmes, neuvièmes et dixièmes.

On pourrait même aller au delà des dixièmes si on le jugeait à propos; c'est la force de l'élève qui doit diriger.

Chacune des répétitions simultanées doit faire le sujet d'un exercice particulier. Ainsi on demandera à l'élève :

Combien 1, 2, 3, 4, 5, 6, 7, 8, 9, 10 entiers font de demies, de tiers, de quarts, etc.

Combien 1, 2, 3, 4, 5, ... 26 demies font d'entiers.

En un mot, combien un certain nombre de tiers, de quarts, etc., font d'entiers.

On dira à l'élève de montrer sur un des tableaux les nombres suivants :

1 entier et demi, 5 demies, 3 entiers 3 quarts, 5 entiers 2 tiers, 6 cinquièmes, 15 sixièmes, 20 huitièmes, etc.

Multiplier un nombre d'entiers et de fractions par un nombre entier.

2 fois 1 entier et 1 demie égalent combien d'entiers?
2 × 2 entiers et 1 demie . . . .
2 × 3 . . . . . . 1 . . . .
3 × 3 . . . . . . 1 . . . .
3 × 5 . . . . . . 1 . . . .
3 × 1 . . . . . . 1 tiers . . . .
3 × 3 . . . . . . 1 . . . .
4 × 3 . . . . . . 2 . . . .
4 × 6 . . . . . . 2 . . . .
2 × 1 . . . . . . 1 quart. . . . .
3 × 3 . . . . . . 2 . . . .
4 × 5 . . . . . . 3 . . . .
5 × 3 . . . . . . 2 cinquièmes. . . . .
5 × 6 . . . . . . 4 . . . .

Prendre la moitié, le tiers, etc., d'un nombre quelconque.

— Quelle est la moitié de 2, 4, 6, 8, 10, etc.?
— Quelle est la moitié de 3, 5, 7, 9, 11, etc.?
— Quel est le tiers de 3, 6, 9, 12, 15, etc.?
— Quel est le tiers de 4, 7, 10, 13, 16, etc.?
— Quel est le tiers de 2 entiers?

On amènera l'élève à la réponse à cette question de la manière suivante :

— Combien 2 entiers font-ils de tiers? *R.* 6 tiers.

Quel est le tiers de 6 tiers? *R.* 2 tiers. Donc le tiers de 2 entiers est 2 tiers.

On démontrera de même que le quart de 3 entiers est 3 quarts, en disant : 3 entiers font 12 quarts, le quart de 12 quarts est 3 quarts.

— Quel est le tiers de 5, 8, 10, 14, 17, etc.?

— Quel est le quart de 4, 8, 12, 16, 20, etc.?

— Quel est le quart de 5, 9, 13, 17, 21, etc.?

— Quel est le quart de 7, 11, 15, 19, 23, etc.?

— Quel est le quart de 6, 10, 14, 18, 22, etc.

Même exercice sur les cinquièmes, sixièmes, etc.

Répétition simultanée.

La moitié de 1 est une demie; la moitié de 2 est 1.
La moitié de 3 est 1 et demi; la moitié de 4 est 2.
La moitié de 5 est 2 et demi; la moitié de 6 est 3.
La moitie de 7 est 3 et demi; la moitié de 8 est 4.
La moitié de 9 est 4 et demi; la moitié de 10 est 5.

Le tiers de 1 est 1 tiers; le tiers de 2 est 2 tiers.
Le tiers de 3 est 1; le tiers de 4 et 1 et 1 tiers.
Le tiers de 5 est 1 et 2 tiers; le tiers de 6 est 2.
Le tiers de 7 est 2 et 1 tiers; le tiers de 8 est 2 et 2 tiers.

Le tiers de 9 est 3; le tiers de 10 est 3 et 1 tiers.

Le quart de 1 est 1 quart; le quart de 2 est 2 quarts.
Le quart de 3 est 3 quarts; le quart de 4 est 1.
Le quart de 5 est 1 et 1 quart; le quart de 6 est 1 et 2 quarts.

Le quart de 7 est 1 et 3 quarts; le quart de 8 est 2.

On continuera cet exercice sur les cinquièmes, sixièmes, etc.

Continuation de l'exercice précédent.

2 est quelle partie de	3?	R.	Les 2 tiers.
2	4?		La moitié.
2	5?		Les 2 cinquièmes.
2	6?		Le tiers.
2	7?		Les 2 septièmes.
2	8?		Le quart, etc.
3 est quelle partie de	4?	R.	Les 3 quarts.
3	5?		Les 3 cinquièmes.
3	6?		La moitié.
3	7?		Les 3 septièmes.
3	8?		Les 3 huitièmes.
3	9?		Le tiers, etc.
6 est quelle partie de	8?	R.	Les 3 quarts.
6	9?		Les 2 tiers.
4	6?		Les 2 tiers.
8	12?		Les 2 tiers.
9	12?		Les 3 quarts.
10	15?		Les 2 tiers.
6	10?		Les 3 cinquièmes.
10	12?		Les 5 sixièmes.

— Quels sont les 2 tiers de 6, 9, 12, 15, 18?

— Quels sont les 3 quarts de 4, 8, 12, 16, 20?

— Quels sont les 2 cinquièmes de 10, 15, 20?

— Quels sont les 3 cinquièmes de 10, 15, 20, etc.?

Développements relatifs aux fractions. Manière de les écrire.

Les parties de l'unité telles que la moitié, le tiers, le quart, etc., s'appellent *fractions*.

— Qu'est-ce que les fractions?

Nommez des unités, nommez des fractions.

— Dans *trois quarts* en combien de parties l'entier est-il partagé? *R.* En 4 parties.

— Qu'est-ce qui l'indique? *R.* Le mot *quart.*

— Combien prend-on de ces parties? *R. Trois.*

— Qu'est-ce qui l'indique? *R.* Le mot *Trois.*

Même question sur quatre cinquièmes, trois septièmes, etc.

On voit par là que pour exprimer une fraction on se sert de deux mots dont l'un indique en combien de parties l'entier est divisé, et l'autre combien la fraction contient de ces parties.

Pour écrire une fraction, on se sert aussi de deux nombres, dont l'un marque le nombre des parties de l'unité, et l'autre le nombre des parties dont la fraction se compose.

Le premier se nomme *dénominateur*, parce qu'il nomme pour ainsi dire l'espèce de la fraction ; l'autre s'appelle *numérateur*, parce qu'il indique le nombre des parties dont la fraction se compose.

On les place l'un sous l'autre, le dénominateur en bas, et séparés par un trait horizontal.

Exemple : Une demie $\frac{1}{2}$, 3 quarts $\frac{3}{4}$, 4 septièmes $\frac{4}{7}$, etc.

Les deux nombres qui servent à exprimer une fraction s'appellent *termes*. Ainsi les deux termes d'une fraction sont le numérateur et le dénominateur.

On fera ensuite des dictées de fractions; mais il est inutile de se servir de grands nombres, qui ne feraient qu'embarrasser l'élève sans utilité. On aura soin en outre de lui faire connaître parfaitement la différence qu'il y a entre le numérateur et le dénominateur. A cet effet on énoncera des fractions, et il en désignera les termes. Mais ce moyen cependant peut devenir mécanique, parce que l'élève remarquera facilement que le dernier nombre énoncé est le dénominateur, et qu'il est terminé le plus souvent par la finale *ième;* il faut alors lui en faire donner la raison chaque fois. Ainsi pour $\frac{13}{15}$ il dira ; 15 est le dénominateur, parce qu'il indique que l'unité est partagée en 15 parties ; 13 est le numérateur, parce qu'il marque que l'on a pris 13 de ces parties.

Pour mieux en faire sentir la différence, on lui dira (après avoir énoncé une fraction) de figurer le dénominateur par une ligne, qu'il considérera comme unité, et qu'il partagera par conséquent en autant de parties que l'indique le dénominateur ; ensuite il montrera pour numérateur une certaine quantité de ces parties. La même chose peut se faire avec des cubes.

Changements qui s'opèrent dans une fraction par l'augmentation ou la diminution des termes.

On présentera à l'élève la série des fractions suivantes dont tous les numérateurs sont égaux, mais dont les dénominateurs vont toujours en augmentant :

$\frac{5}{6}, \frac{5}{7}, \frac{5}{8}, \frac{5}{9}, \frac{5}{10}, \frac{5}{11}, \frac{5}{12}, \frac{5}{13},$

et l'on proposera les questions suivantes :

— Quelle est la plus petite et quelle est la plus grande ? — Quelle est la plus forte des deux fractions $\frac{5}{6}$ et $\frac{5}{12}$?

— Quelle est la plus faible, quelle est la plus forte et quelle est la moyenne des trois fractions $\frac{5}{7}$, $\frac{5}{18}$ et $\frac{5}{9}$? — Ces fractions, en commençant par $\frac{5}{6}$, vont-elles en augmentant ou en diminuant?

On concluera de ces observations, que *plus le dénominateur est fort plus la fraction est faible.*

— Quel changement s'opérera-t-il dans une fraction si l'on multiplie son dénominateur? *R.* Elle deviendra plus petite. — Pourquoi? *R.* Parce qu'alors l'unité se trouve partagée en un plus grand nombre de parties, et que plus il y en a plus elles sont petites.

On présentera la fraction $\frac{5}{12}$, dont on divisera le dénominateur par 2; on aura $\frac{5}{6}$.

— Quel changement s'est-il opéré dans cette fraction?

R. Elle est devenue plus grande.

D'où l'on conclut qu'en divisant le dénominateur d'une fraction on la rend plus grande.

On présentera de même la série des fractions suivantes dont les dénominateurs sont égaux et dont les numérateurs vont en croissant, et sur laquelle on proposera les mêmes questions.

$\frac{1}{12}$, $\frac{2}{12}$, $\frac{3}{12}$, $\frac{4}{12}$, $\frac{5}{12}$, $\frac{6}{12}$, $\frac{7}{12}$, $\frac{8}{12}$, $\frac{9}{12}$, $\frac{10}{12}$, $\frac{11}{12}$.

— Quelle est la plus petite et quelle est la plus grande? — Quelle est la plus petite des deux fractions $\frac{3}{12}$ et $\frac{8}{12}$?

— Quelle est la plus petite, quelle est la plus grande et quelle est la moyenne des trois fractions $\frac{2}{12}$, $\frac{3}{12}$ et $\frac{5}{12}$? — Ces fractions vont-elles en croissant ou en décroissant à partir de $\frac{1}{12}$.

On concluera de ces observations, que *plus le nu-*

mérateur d'une fraction est fort plus la fraction est forte, et qu'on augmente ou qu'on diminue une fraction en multipliant ou en divisant le numérateur.

Extraire les entiers d'une expression fractionnaire.

— Lequel est ordinairement le plus fort du dénominateur ou du numérateur? *R.* Le dénominateur?

— Mais qu'y aurait-il à remarquer si les deux termes étaient égaux comme dans $\frac{5}{5}$, $\frac{6}{6}$, $\frac{7}{7}$? *R.* La fraction vaudrait un entier.

— Qu'y aurait-il de même à remarquer si le numérateur était plus grand que le dénominateur? *R.* Il y aurait plus d'un entier.

— Combien y a-t-il d'entiers dans $\frac{8}{7}$? *R.* 1 $\frac{1}{7}$.

Même question sur les fractions suivantes:

$\frac{10}{5}$ = combien d'entiers? *R.* 2.

$\frac{20}{7}$	2 $\frac{6}{7}$.
$\frac{35}{6}$	5 $\frac{5}{6}$.
$\frac{60}{9}$	6 $\frac{6}{9}$.
$\frac{40}{8}$	5.
$\frac{84}{2}$	42.
$\frac{15}{6}$	2 $\frac{3}{6}$.
$\frac{30}{4}$	7 $\frac{2}{4}$.
$\frac{40}{11}$	3 $\frac{7}{11}$.
$\frac{60}{15}$	4.
$\frac{63}{7}$	9.
$\frac{50}{3}$	16 $\frac{2}{3}$.

Exemple de *solution* : $\frac{60}{9}$ font combien d'entiers? Il faut $\frac{9}{9}$ pour faire un entier; donc autant de fois il y aura $\frac{9}{9}$ dans $\frac{60}{9}$, autant on aura d'entiers. Dans 54 il y a 6 fois 9, et de 54 pour aller à 60 il reste 6 donc $\frac{60}{9}$ font 6 entiers plus $\frac{6}{9}$. Les solutions sont les mêmes pour les autres fractions.

Réduction des entiers en fractions.

$3\frac{3}{4}$ = combien de quarts?		*R.* $\frac{15}{4}$.
$5\frac{3}{8}$ = combien de	8mes?	$\frac{43}{8}$.
$3\frac{4}{9}$	9mes?	$\frac{31}{9}$.
$5\frac{6}{9}$	9mes?	$\frac{51}{9}$.
$7\frac{8}{11}$	11mes?	$\frac{85}{11}$.
$9\frac{4}{10}$	10mes?	$\frac{94}{10}$.
$11\frac{3}{12}$	12mes?	$\frac{135}{12}$.
$5\frac{4}{7}$	7mes?	$\frac{39}{7}$.
$6\frac{1}{4}$	4mes?	$\frac{25}{4}$.
$8\frac{3}{7}$	7mes?	$\frac{59}{7}$.
$8\frac{4}{10}$	10mes?	$\frac{84}{10}$.
$10\frac{6}{12}$	12mes?	$\frac{126}{12}$.
$12\frac{7}{12}$	12mes?	$\frac{151}{12}$.

Solution. $5\frac{3}{8}$ font combien de huitièmes? Un entier contient $\frac{8}{8}$, 5 entiers en contiendront 5 fois autant; 5 fois $\frac{8}{8} = \frac{40}{8}$, plus $\frac{3}{8} = \frac{43}{8}$. — Les solutions des autres questions sont semblables à celle-ci. Il est bon de présenter l'inverse de la même question. Ainsi ayant trouvé que $5\frac{3}{8} = \frac{43}{8}$, on fera chercher et résoudre combien $\frac{43}{8}$ font d'entiers.

Addition de plusieurs nombres fractionnaires.

— Quelle est la somme de $4\frac{3}{4} + 5\frac{1}{4} + 2\frac{3}{4}$?

Solution. $\frac{3}{4} + \frac{1}{4} + \frac{3}{4} = \frac{7}{4}$ ou $1\frac{3}{4}$, $4 + 5 + 2 = 11$, 11 entiers plus $1\frac{3}{4} = 12\frac{3}{4}$.

Quelle est la somme de

$6\frac{2}{5}+8\frac{3}{5}+7\frac{1}{5}+1\frac{4}{5}$?	R. 24.
$10\frac{5}{8}+6\frac{3}{8}+2\frac{6}{8}+7\frac{1}{8}+8\frac{7}{8}$?	$35\frac{6}{8}$.
$7\frac{1}{9}+8+3\frac{4}{9}+6\frac{3}{9}$?	$24\frac{8}{9}$.
$5\frac{4}{10}+6\frac{9}{10}+3\frac{7}{10}+4\frac{3}{10}$?	$20\frac{3}{10}$.
$10\frac{4}{7}+9\frac{1}{7}+8\frac{3}{7}+5\frac{5}{7}+11\frac{6}{7}$?	$45\frac{5}{7}$.
$8\frac{2}{12}+7\frac{5}{12}+3+5+6\frac{1}{12}$?	$29\frac{8}{12}$.

Il est à remarquer que toutes les fractions qui doivent être additionnées ensemble ont le même dénominateur. Lorsque les élèves auront vu les exercices sur les fractions de fraction, et qu'ils sauront exprimer une même fraction de différentes manières, on pourra en faire additionner de différentes espèces.

Combien il faut ajouter à un nombre fractionnaire donné pour avoir un autre nombre fractionnaire.

— Combien faut-il ajouter de sixièmes à $\frac{4}{6}$ pour avoir un entier? *R.* $\frac{2}{6}$.

— De combien $\frac{1}{7}$ est-il plus petit qu'un entier? *R.* De $\frac{6}{7}$.

Même question sur d'autres fractions, telles que $\frac{3}{8}$, $\frac{7}{9}$, $\frac{8}{15}$, $\frac{16}{37}$, etc.

— Combien faut-il ajouter à $\frac{3}{4}$ pour avoir 2 entiers? *R.* $1\frac{1}{4}$.

— Combien faut-il ajouter à $\frac{4}{5}$, à $\frac{1}{7}$, à $\frac{8}{16}$, à $\frac{9}{12}$, à $\frac{3}{11}$, etc., pour avoir 2, 3 ou 4 entiers?

1° Combien faut-il ajouter à	$\frac{1}{2}$ pour avoir	$2\frac{1}{2}$?	*R.* 2.
2°	$\frac{3}{4}$	$4\frac{1}{4}$?	$3\frac{2}{4}$.
3°	$\frac{1}{6}$	$3\frac{4}{6}$?	$3\frac{3}{6}$.

4° Combien faut-il ajouter à $2\frac{1}{4}$ pour avoir $4\frac{3}{4}$? *R.* $2\frac{2}{4}$.
5° . . . . $4\frac{5}{6}$ . . . . . . $6\frac{1}{6}$? $1\frac{2}{6}$.
6° . . . . $5\frac{4}{7}$ . . . . . . $10\frac{3}{7}$? $4\frac{6}{7}$.
7° . . . . $4\frac{3}{8}$ . . . . . . $5\frac{1}{8}$? $\frac{6}{8}$.

Solutions. 1° A $\frac{1}{2}$ pour avoir 1 entier il faut ajouter $\frac{1}{2}$, à 1 entier pour avoir $2\frac{1}{2}$ il faut ajouter $1\frac{1}{2}$; $1\frac{1}{2}$ plus $\frac{1}{2}$ font 2 entiers.

2° A $\frac{3}{4}$ pour avoir 1 entier il faut ajouter $\frac{1}{4}$, à 1 entier pour avoir $4\frac{1}{4}$ il faut ajouter $3\frac{1}{4}$, ensemble $3\frac{2}{4}$.

3° A $\frac{1}{6}$ pour avoir 1 entier il faut ajouter $\frac{5}{6}$, à 1 entier pour avoir $3\frac{4}{6}$ il faut ajouter $2\frac{4}{6}$; $2\frac{4}{6} + \frac{5}{6} = 3\frac{3}{6}$.

4° A 2 pour avoir 4 il faut ajouter 2, à $\frac{1}{4}$ pour avoir $\frac{3}{4}$ il faut ajouter $\frac{2}{4}$, ensemble $2\frac{2}{4}$.

5° A $4\frac{5}{6}$ pour avoir 5 entiers il faut ajouter $\frac{1}{6}$, à 5 pour avoir $6\frac{1}{6}$ il faut ajouter $1\frac{1}{6}$, ensemble $1\frac{2}{6}$.

6° A $5\frac{4}{7}$ pour avoir 6 entiers il faut ajouter $\frac{3}{7}$, à 6 pour avoir $10\frac{3}{7}$ il faut ajouter $4\frac{3}{7}$, ensemble $4\frac{6}{7}$.

7° A $4\frac{3}{8}$ pour avoir 5 il faut ajouter $\frac{5}{8}$; $\frac{5}{8} + \frac{1}{8} = \frac{6}{8}$.

Autres questions du même genre.

— Quelle différence y a-t-il entre
$4\frac{5}{7}$ et 7? *R.* $2\frac{2}{7}$.
$9\frac{4}{11}$ et $12\frac{1}{11}$? $2\frac{8}{11}$.
$7\frac{5}{13}$ et $13\frac{2}{13}$? $5\frac{10}{13}$.
$9\frac{14}{15}$ et $20\frac{13}{15}$? $10\frac{14}{15}$.

— De combien
$18\frac{11}{18}$ sont-ils plus grands que $13\frac{17}{18}$? *R.* De $4\frac{2}{18}$.
$15\frac{3}{7}$ . . . . $14\frac{4}{7}$? De $\frac{6}{7}$.

— Combien faut-il ôter de

$17\frac{1}{4}$ pour avoir $10\frac{3}{4}$? *R.* $6\frac{2}{4}$.

$24\frac{11}{19}$ . . . . . . $7\frac{18}{19}$? $16\frac{12}{19}$.

Soustraire des nombres fractionnaires.

— $6\frac{3}{7}$ moins $4\frac{6}{7}$ plus $3\frac{4}{7}$ font combien d'entiers?

Solution. $6\frac{3}{7}+3\frac{4}{7}=9\frac{7}{7}$, $9\frac{7}{7}-4\frac{6}{7}=5\frac{1}{7}$.

— $7\frac{5}{8}$ plus $3\frac{1}{8}$ moins $6\frac{7}{8}$ font combien d'entiers?

Solution. $7\frac{5}{8}+3\frac{1}{8}=10\frac{6}{8}$, $10\frac{6}{8}-6\frac{7}{8}$. On ne peut pas ôter $\frac{7}{8}$ de $\frac{6}{8}$, c'est pourquoi il faut prendre une unité sur les 10, que l'on réduira en huitièmes. 1 entier $=\frac{8}{8}$, $+\frac{6}{8}=\frac{14}{8}$, $\frac{14}{8}-\frac{7}{8}=\frac{7}{8}$, 9 entiers — 6 entiers = 3 entiers; donc il reste $3\frac{7}{8}$. Je dis 9 — 6 au lieu de 10 — 6, parce qu'on a pris une unité pour la réduire en huitièmes.

— $8\frac{1}{5}$ moins $7\frac{3}{5}$ plus $\frac{4}{5}$ plus $3\frac{2}{5}$ font combien d'entiers?

Solution. $8\frac{1}{5}+\frac{4}{5}+3\frac{2}{5}=11\frac{7}{5}-7\frac{3}{5}=4\frac{4}{5}$.

— $10\frac{8}{10}$ plus $5\frac{7}{10}$ moins $\frac{9}{10}$ font ensemble combien d'entiers? *R.* $10\frac{8}{10}+5\frac{5}{10}=15\frac{15}{10}-\frac{9}{10}=15\frac{6}{10}$.

Applications.

— On a acheté une fois $3\frac{1}{3}$ d'aune, une autre fois 2 aunes $\frac{2}{3}$, et une troisième fois 1 aune $\frac{1}{3}$; combien a-t-on acheté en tout? *R.* $7\frac{1}{3}$.

— De 2 aunes $\frac{1}{3}$ on emploie $\frac{2}{3}$; combien reste-t-il? *R.* $1\frac{2}{3}$.

— De 5 aunes $\frac{1}{4}$ on emploie 1 aune $\frac{3}{4}$; que reste-t-il? *R.* $3\frac{2}{4}$.

— De 6 aunes $\frac{3}{8}$ on emploie 3 aunes $\frac{5}{8}$ que reste-t-il? *R.* 2 $\frac{6}{8}$.

— Il restait à un marchand un coupon de 3 aunes; il en vend à une personne $\frac{3}{8}$, à une autre $\frac{5}{8}$; combien lui en reste-t-il? *R.* 2 aunes.

— D'un coupon d'étoffe de 8 aunes on vend 1 aune $\frac{1}{4}$, 2 aunes $\frac{3}{4}$ et 3 aunes $\frac{1}{4}$; que reste-t-il? *R.* $\frac{3}{4}$.

— Il faut à un tailleur 6 $\frac{3}{8}$ de drap, il n'a que 4 $\frac{1}{8}$; que lui manque-t-il? *R.* 2 $\frac{2}{8}$.

— Il faut à un tailleur 7 aunes $\frac{1}{4}$, il lui manque 2 $\frac{3}{4}$; combien a-t-il? *R.* 4 aunes $\frac{2}{4}$.

— J'ai employé à faire un ouvrage les nombres d'heures suivants, savoir: 1 $\frac{1}{4}$, 2 $\frac{3}{4}$, 2 $\frac{1}{4}$, 3 $\frac{1}{4}$; combien ai-je mis de temps à le faire? *R.* 9 heures $\frac{2}{4}$.

Même question sur les nombres suivants: 3 $\frac{3}{4}$, 4 $\frac{1}{4}$, 2, $\frac{3}{4}$? *R.* 10 $\frac{3}{4}$.

— Il faut à une personne, pour faire un travail, 8 heures $\frac{3}{4}$, elle en a déjà employé à différentes reprises 2 $\frac{1}{4}$, 3 $\frac{3}{4}$, et 1 heure; combien reste-t-il encore d'heures?

§ VII.

FRACTIONS DE FRACTIONS.

Préparation à la multiplication des fractions. (3e tableau.)

Sommaire des Exercices.

1° Prendre la moitié, le tiers, le quart, le cinquième, etc., d'une demie, d'un tiers, d'un quart, etc. — 2° Prendre la moitié, le tiers, le quart d'une fraction dont le numérateur est plus que 1. — 3° Questions analogues à celle-ci: Quels sont les deux tiers d'un quart? — 4° Quel est le tiers et demi d'une unité? — 5° Questions analogues à celle-ci : Quels sont les trois cinquièmes de trois quarts? — 6° Questions analogues à celle-ci : Quatre entiers cinq septièmes sont le quart de quel nombre? — 7° Questions analogues à celle-ci : Deux entiers trois quarts sont les trois huitièmes de quel nombre? — 8° Différentes manières d'exprimer une même fraction. — 9° Composer un ou plusieurs entiers ou une fraction avec des fractions de différentes espèces. — 10° Applications diverses.

Prendre la moitié, le tiers, le quart, le cinquième, etc., d'une demie, d'un tiers, d'un quart, etc.

— Si l'on partage un entier en 2 moitiés, et chaque moitié en deux parties, combien y aura-t-il de parties en tout? *R.* 4.

On rendra cela sensible, soit en montrant le premier carré du troisième tableau, soit en prenant un cube ou d'autres objets, tels qu'une baguette, une bande de papier, etc.

Observation. La position d'un carré, que l'on désignera d'une manière particulière, sera toujours indiquée par deux chiffres : le premier indiquera le numéro de la bande horizontale, et le second celui du carré, en commençant par la gauche. Lorsqu'il n'y aura qu'un chiffre, il indiquera tous les carrés situés sur la bande horizontale désignée par ce chiffre.

— Si l'on partage chaque tiers d'un entier en deux parties égales, combien y aura-t-il de parties en tout? *R.* 6. (c. 2, 1.)

— Combien aura-t-on de parties en tout si l'on partage chaque quart en deux parties égales? *R.* 8. (c. 3, 1.)

L'élève rendra compte de ces sortes de questions de la manière suivante : Puisqu'un entier contient 4 quarts, et que chaque quart contient 2 parties, l'entier en contiendra 2 fois 4, ou 8.

On proposera les mêmes questions sur les cinquièmes, sixièmes, septièmes, huitièmes, neuvièmes et dixièmes, partagés en deux parties égales.

La moitié d'une demie est un quart.
La moitié d'un tiers. . . . . . . sixième.
. . . . quart. . . . . . huitième.
. . . . cinquième . . . dixième (c. 4, 1.)
. . . . sixième. . . . . douzième (c. 5, 1.)
. . . . septième. . . . quatorz[ième]. (c. 6, 1.)
. . . . huitième. . . . seizième (c. 7, 1.)
. . . . neuvième. . . . dix-huit[ième]. (c. 8, 1.)
. . . . dixième. . . . vingtième. (c. 9, 1.)

Ces exercices se font d'abord en répétitions simultanées ; puis on interroge ensuite chaque élève séparément en demandant, au hasard, quelle est la moitié d'un sixième, d'un huitième, d'un tiers, etc.

— Si l'on partage chaque moitié d'un entier en 3 parties égales, combien aura-t-on de parties en tout? *R.* 6. (c. 1, 2.) Le tiers d'une demie est donc un sixième.

— Combien aura-t-on de parties si l'on partage chaque tiers en 3 parties égales? *R.* 9. (c. 2, 2.)

Quel est donc le tiers d'un tiers?

— Combien aura-t-on de parties si l'on partage chaque quart en trois parties égales? *R*. 12. (c. 3, 2.)

Quel est donc le tiers d'un quart?

On fera les mêmes questions sur les cinquièmes, sixièmes, septièmes, etc., partagés en 3 parties égales.

Répétition simultanée alternativement sur le troisième tableau et sans tableau.

Le tiers d'une demie est un sixième.
Le tiers d'un tiers. . . . . neuvième.
. . . . quart . . . . . douzième.
. . . . cinq^uième . . . quinzième. (c. 4, 2.)
. . . . sixième. . . . dix-huit^ième. (c. 5, 2.)
. . . . septième . . . vingt-unième. (c. 6, 2.)
. . . . huitième . . . vingt-quatr^ième. (c. 7, 2.)
. . . . neuvième . . . vingt-septième (c. 8, 2.)
. . . . dixième . . . trentième. (c. 9, 2.)

On interroge ensuite chaque élève séparément.

On continuera cet exercice en prenant successivement le quart de la moitié, du tiers, du quart, etc. (troisième colonne verticale); le cinquième, le sixième, le septième, le huitième, le neuvième et le dixième d'une demie, d'un tiers, d'un quart, etc.

Il faut avoir soin d'interroger fréquemment les élèves séparément et de leur demander la solution de leur réponse.

Voici la formule de solution qu'ils doivent employer pour les questions qui ont précédé. Par exemple : Quel est le $\frac{1}{5}$ de $\frac{1}{4}$? *R*. Un entier contient

6 sixièmes, chaque sixième contient 5 parties, l'entier en contiendra 6 fois 5, ou 30 ; donc le $\frac{1}{5}$ de $\frac{1}{6}$ est $\frac{1}{30}$.

On emploiera pour les questions proposées simultanément le moyen que nous avons indiqué plus haut ; c'est-à-dire que la question étant proposée à tous les élèves, ils en écrivent le résultat sur leurs ardoises, et l'un d'eux en donne la solution.

Chaque élève vient ensuite montrer sur le tableau une fraction de fraction, par exemple la sixième partie d'un huitième, ou la cinquième partie d'un quart ; etc. Il est bon aussi que chaque élève propose à son tour une question.

Prendre la moitié, le tiers, le quart d'une fraction dont le numérateur est plus que 1.

— Quel est la moitié de $\frac{2}{3}$? *R.* $\frac{2}{6}$ ou $\frac{1}{3}$.

Pour démontrer cette question d'une manière sensible, il faut chercher sur le tableau le carré partagé en tiers par les lignes verticales, et en demies par une ligne horizontale (c. 2, 1.). La ligne horizontale, en partageant l'unité en deux parties égales, donne 6 sixièmes, *a, b, c, d, e, f;* les trois parties *a, b, c*, sont 3 sixièmes, ou la moitié de 3 tiers. Mais si l'on ne prend que 2 tiers, par exemple *da* et *cb;* il est clair que la moitié de ces 2 tiers contiendra 2 sixièmes.

Solution. La moitié de $\frac{1}{3}$ est $\frac{1}{6}$; la moitié de $\frac{2}{3}$ doit être double ; par conséquent $\frac{2}{6}$; elle est aussi $\frac{1}{3}$.

On se servira des autres carrés pour rendre sensibles les questions suivantes :

La moitié de

$\frac{2}{4} = \frac{2}{8}$ ou $\frac{1}{4}$, de $\frac{3}{4} = \frac{3}{8}$. (c. 3, 1.)

$\frac{2}{5} = \frac{2}{10}$ ou $\frac{1}{5}$, de $\frac{3}{5} = \frac{3}{10}$, de $\frac{4}{5} = \frac{4}{10}$. (c. 4, 1.)

$\frac{2}{6} = \frac{2}{12}$ ou $\frac{1}{6}$, de $\frac{3}{6} = \frac{3}{12}$, de $\frac{4}{6} = \frac{4}{12}$, de $\frac{5}{6} = \frac{5}{12}$. (c. 5, 1.)

On continuera cet exercice jusqu'à la moitié de $\frac{9}{10}$. (c. 9, 1.)

Le tiers de $\frac{2}{3} = \frac{2}{9}$. (c. 2, 2.)

. . . . $\frac{2}{4} = \frac{2}{12}$, de $\frac{3}{4} = \frac{3}{12}$ ou $\frac{1}{4}$. (c. 3, 2.)

. . . . $\frac{2}{5} = \frac{2}{15}$, de $\frac{3}{5} = \frac{3}{15}$ ou $\frac{1}{5}$, de $\frac{4}{5} = \frac{4}{15}$. (c. 4, 2.)

. . . . $\frac{2}{6} = \frac{2}{18}$, de $\frac{3}{6} = \frac{3}{18}$ ou $\frac{1}{6}$, de $\frac{4}{6} = \frac{4}{18}$. (c. 5, 2.)

Ainsi de suite jusqu'au tiers de $\frac{9}{10}$, qui est $\frac{9}{30}$. (c. 9, 2.)

Le quart de $\frac{2}{3} = \frac{2}{12}$. (c. 2, 3.)

. . . . . $\frac{2}{4} = \frac{2}{16}$, de $\frac{3}{4} = \frac{3}{16}$. (c. 3, 3.)

. . . . . $\frac{2}{5} = \frac{2}{20}$, de $\frac{3}{5} = \frac{3}{20}$, de $\frac{4}{5} = \frac{4}{20}$. (c. 4, 3.)

. . . . . $\frac{2}{6} = \frac{2}{24}$, de $\frac{3}{6} = \frac{3}{24}$, de $\frac{4}{6} = \frac{4}{24}$, de $\frac{5}{6} = \frac{5}{24}$. (c. 5, 3.)

On continuera ainsi jusqu'au dixième de 9 dixièmes, (c. 9, 9.) en prenant successivement le cinquième, le sixième, le septième, le huitième, le neuvième et le dixième des tiers, quarts, cinquièmes, sixièmes, etc., comme on vient de le faire.

Ces dernières questions seront rendues sensibles de la même manière que la première, c'est-à-dire que la moitié de deux tiers.

Supposons que l'on veuille prendre le cinquième de $\frac{3}{4}$, il faut chercher le carré divisé en quarts par les lignes verticales, et en cinquièmes par les lignes horizontales (c. 3, 4.); chaque petit carré est le cinquième de $\frac{1}{4}$ ou $\frac{1}{20}$, et les trois parties *a*, *b*, *c*, sont le cinquième de $\frac{3}{4}$ ou $\frac{3}{20}$.

Questions analogues à celle-ci : Quels sont les deux tiers d'une demie?

— Quels sont les $\frac{2}{3}$ de $\frac{1}{2}$?

Solution. Le tiers de $\frac{1}{2}$ est $\frac{1}{6}$, et comme les deux tiers ne sont autre chose que le tiers répété deux fois, les $\frac{2}{3}$ de $\frac{1}{2}$ doivent être $\frac{2}{6}$.

On rendra ceci sensible en se servant du carré partagé en demies par une ligne verticale, et en tiers par deux lignes horizontales, ou, ce qui revient au même, en demies par une ligne horizontale, et en tiers par deux lignes verticales (c. 2, 1). Chacune des parties *a*, *b*, *c*, *d*, *e*, *f*, est le tiers d'une demie, et si l'on en prend deux, par exemple *a* et *b*, on aura les $\frac{2}{3}$ de $\frac{1}{2}$ ou $\frac{2}{6}$.

Quels sont les $\frac{2}{3}$ de $\frac{1}{4}$? *R.* $\frac{2}{12}$. (c. 3, 2.)
. . . . $\frac{2}{3}$. $\frac{1}{5}$? $\frac{2}{15}$. (c. 4, 2.)
. . . . $\frac{2}{3}$. $\frac{1}{6}$? $\frac{2}{18}$. (c. 5, 2.)

Quels sont les $\frac{3}{4}$. $\frac{1}{2}$? $\frac{3}{8}$. (c. 1, 3.)

Solution. Le quart de $\frac{1}{2}$ est $\frac{1}{8}$; les $\frac{3}{4}$ sont le quart répété trois fois. Les $\frac{3}{4}$ de $\frac{1}{2}$ sont donc $\frac{3}{8}$.

Quels sont les $\frac{3}{4}$ de $\frac{1}{3}$? *R.* $\frac{3}{12}$. (c. 2, 3.)
. . . . $\frac{3}{4}$. $\frac{1}{4}$? $\frac{3}{16}$. (c. 3, 3.)
. . . . $\frac{3}{4}$. $\frac{1}{5}$? $\frac{3}{20}$. (c. 4, 3.)
. . . . $\frac{3}{4}$. $\frac{1}{6}$? $\frac{3}{24}$. (c. 5, 3.)

Quels sont les $\frac{2}{5}$ de $\frac{1}{2}$? *R.* $\frac{2}{10}$. (c. 1, 4.)
. . . . $\frac{2}{5}$. $\frac{1}{3}$? $\frac{2}{15}$. (c. 2, 4.)

Quels sont les $\frac{2}{5}$ de $\frac{1}{4}$? *R.* $\frac{2}{20}$. (c. 3, 4.)
. . . . $\frac{2}{5}$ .. $\frac{1}{5}$? $\frac{2}{25}$. (c. 4, 4.)

On demandera de même quels sont les $\frac{3}{5}$, $\frac{4}{5}$ de $\frac{1}{2}$, $\frac{1}{3}$, $\frac{1}{4}$; ensuite quels sont les $\frac{2}{6}$, $\frac{3}{6}$, $\frac{4}{6}$, $\frac{5}{6}$; puis les $\frac{2}{7}$, $\frac{3}{7}$, $\frac{4}{7}$, $\frac{5}{7}$, $\frac{6}{7}$ de $\frac{1}{2}$, $\frac{1}{3}$, $\frac{1}{4}$, $\frac{1}{5}$, etc. On aura soin de faire résoudre chaque question d'après la solution que nous avons indiquée plus haut. Il faut aussi faire remarquer à l'élève que le résultat est le même si l'on prend, par exemple, les $\frac{2}{5}$ de $\frac{1}{4}$, ou le $\frac{1}{4}$ de $\frac{2}{5}$. Mais il est inutile de lui dire que ces sortes de questions appartiennent à la multiplication des fractions; il ne pourrait pas encore le comprendre, et il ne faut pas meubler sa tête de mots inutilement.

Quel est le tiers et demi d'une unité?

Il est facile de démontrer que cette expression équivaut à $\frac{1}{2}$; car le tiers et demi signifie le tiers et la moitié du tiers. Or, si l'on a, par exemple, 6, le tiers en est 2, et le tiers plus la moitié du tiers font 3, qui est la moitié de 6; il en est de même pour une unité. Si l'on figure cette unité par une ligne que l'on partage en 3 parties égales, si l'on divise encore le tiers du milieu en 2 parties égales, il est aisé de voir que toute la ligne est divisée en deux parties égales; donc le tiers et demi d'une quantité quelconque équivaut toujours à une moitié; le tiers et demi de 100 est 50.

Questions analogues à celle-ci: Quels sont les trois cinquièmes de trois quarts?

Pour démontrer cette question d'une manière sensible, il faut prendre le carré partagé en quarts par les lignes verticales, et en cinquièmes par les lignes horizontales (c. 3, 4). Les 3 petits carrés *a*, *b*, *c*, forment le cinquième de $\frac{3}{4}$; mais comme on veut avoir trois fois la cinquième partie de $\frac{3}{4}$, on prendra les trois rangs *abc*, *def*, *ghi*, qui donnent les $\frac{3}{5}$ de $\frac{3}{4}$ ou $\frac{9}{20}$.

Observation. Il est bon de tracer sur le tableau noir un carré un peu grand, que l'on divisera suivant la fraction que l'on veut démontrer, afin que l'élève ne soit pas embrouillé par la multitude des autres carrés. Lorsqu'on aura proposé une question, un élève viendra en faire la recherche sur le tableau; les autres, pendant ce temps-là, chercheront aussi, sur leurs ardoises, en faisant un carré, et l'on comparera les résultats; mais il faut aussi les habituer à chercher ces sortes de questions par le seul raisonnement et d'après la solution suivante.

Solution. Le cinquième de $\frac{1}{4}$ est $\frac{1}{20}$, le $\frac{1}{5}$ de $\frac{3}{4}$ est $\frac{3}{20}$, mais les $\frac{3}{5}$ sont le $\frac{1}{5}$ répété 3 fois; or, puisque le $\frac{1}{5}$ de $\frac{3}{4}$ est $\frac{3}{20}$, les $\frac{3}{5}$ doivent être 3 fois autant; 3 fois $\frac{3}{20}$ font $\frac{9}{20}$; les $\frac{3}{5}$ de $\frac{3}{4}$ sont donc $\frac{9}{20}$.

Quels sont les $\frac{2}{3}$ de $\frac{3}{4}$? *R.* $\frac{6}{12}$. (c. 3, 2.)
. . . . $\frac{4}{5}$. $\frac{3}{7}$? $\frac{12}{35}$. (c. 6, 4.)
. . . . $\frac{2}{3}$. $\frac{2}{7}$? $\frac{4}{21}$. (c. 6, 2.)
. . . . $\frac{3}{4}$. $\frac{5}{9}$? $\frac{15}{36}$. (c. 8, 3.)

Les questions suivantes se résolvent sur le premier tableau des fractions.

Questions analogues à celle-ci : Quatre entiers cinq septièmes sont le quart de quel nombre?

$\frac{3}{4}$ sont la moitié de quel nombre? *R.* $\frac{6}{4}$ ou 1 $\frac{2}{4}$.
$\frac{4}{7}$ . . . . $\frac{8}{7}$ ou 1 $\frac{1}{7}$.
3 $\frac{1}{2}$ . . . . 7.
5 $\frac{4}{9}$ . . . . 10 $\frac{8}{9}$.

$\frac{2}{3}$ sont le tiers de quel nombre? *R.* $\frac{6}{3}$ ou 2 entiers.
$\frac{4}{5}$ . . . . $\frac{12}{5}$ ou 2 $\frac{2}{5}$.
1 $\frac{4}{6}$ . . . . 5.
4 $\frac{1}{7}$ . . . . 12 $\frac{3}{7}$.
7 $\frac{3}{4}$ . . . . 23 $\frac{1}{4}$.
$\frac{2}{3}$ sont le quart de quel nombre? *R.* 2 $\frac{2}{3}$.
6 $\frac{4}{7}$ . . . . 26 $\frac{2}{7}$.
10 $\frac{9}{10}$ . . . . 43 $\frac{6}{9}$.

Questions analogues à celle-ci : Deux entiers trois quarts sont les trois huitièmes de quel nombre?

— $\frac{1}{2}$ est les $\frac{2}{3}$ de quel nombre? (c. 1, 1.)

Solution. Si $\frac{1}{2}$ est les $\frac{2}{3}$ d'un nombre, elle doit avoir 2 parties comme ce nombre en a 3. Si $\frac{1}{2}$ a deux parties, chaque partie est $\frac{1}{4}$, et le nombre cherché doit en avoir trois ; par conséquent c'est $\frac{3}{4}$.

— $\frac{1}{2}$ est les $\frac{3}{4}$ de quel nombre? (c. 1, 2.)

Même solution. $\frac{1}{2}$ doit avoir 3 parties, chacune est $\frac{1}{6}$; le nombre cherché doit en avoir 4 ; ce sera donc $\frac{4}{6}$.

— $\frac{2}{3}$ sont les $\frac{3}{4}$ de quel nombre? (c. 2, 2.)

Solution. Si $\frac{2}{3}$ sont les $\frac{3}{4}$ d'un autre nombre, ils doivent avoir 3 parties comme le nombre cherché en a 4. Si $\frac{2}{3}$ ont 3 parties, chaque partie est $\frac{2}{9}$; le nombre cherché doit en avoir 4; ce sera $4 \times \frac{2}{9}$ ou $\frac{8}{9}$.

— $\frac{4}{5}$ sont les $\frac{2}{3}$ de quel nombre? (c. 4, 1.)

Solution (même formule que la précédente). Si $\frac{4}{5}$ ont 2 parties, chacune est $\frac{2}{5}$; le nombre cherché en a 3; ce sera $3 \times \frac{2}{5}$, ou $\frac{6}{5}$, ou $1\frac{1}{5}$.

— $\frac{6}{7}$ sont les $\frac{3}{4}$ de quel nombre? (c. 6, 2.)

Même solution. $\frac{6}{7}$ doivent avoir 2 parties comme le nombre cherché en a 4. Le tiers de $\frac{6}{7}$ est $\frac{2}{7}$; $4 \times \frac{2}{7}$ font $\frac{8}{7}$, ou $1\frac{1}{7}$.

— $\frac{5}{6}$ sont les $\frac{4}{5}$ de quel nombre? (c. 5, 3.)

Même solution. $\frac{5}{6}$ doivent avoir 4 parties comme le nombre cherché en a 5; le quart de $\frac{5}{6}$ est $\frac{5}{24}$, $5 \times \frac{5}{24}$ font $\frac{25}{24}$, ou $1\frac{1}{24}$.

— $\frac{3}{5}$ sont les $\frac{4}{5}$ de quel nombre? (c. 4, 3.)

Le quart de $\frac{3}{5} = \frac{3}{20}$; $5 \times \frac{3}{20} = \frac{15}{20}$.

— $1\frac{1}{2}$ sont les $\frac{2}{3}$ de quel nombre?

Solution. $1\frac{1}{2}$ doivent avoir 2 parties comme le nombre cherché en a 3; $1\frac{1}{2} = \frac{3}{2}$, la moitié de $\frac{3}{2}$ est $\frac{3}{4}$, $3 \times \frac{3}{4}$ font $\frac{9}{4}$ ou $2\frac{1}{4}$; donc $1\frac{1}{2}$ sont les $\frac{2}{3}$ de $2\frac{1}{4}$.

— $2\frac{1}{3}$ sont les $\frac{3}{4}$ de quel nombre?

Solution. $2\frac{1}{3} = \frac{7}{3}$, $\frac{7}{3}$ doivent avoir 3 parties comme le nombre cherché en a 4; le tiers de $\frac{7}{3}$ est $\frac{7}{9}$; $4 \times \frac{7}{9} = \frac{28}{9}$ ou $3\frac{1}{9}$.

— $3\frac{3}{4}$ sont les $\frac{2}{3}$ de quel nombre? *R.* $5\frac{5}{8}$.

$2\frac{4}{5}$ .... $\frac{5}{6}$ .... $3\frac{9}{25}$.

$3\frac{1}{5}$ .... $\frac{3}{7}$ .... $8\frac{1}{5}$.

$2\frac{3}{4}$ .... $\frac{3}{8}$ .... $7\frac{4}{12}$.

$4\frac{1}{5}$ sont les $\frac{7}{8}$ de quel nombre? R. $4\frac{4}{5}$.
$3\frac{3}{7}$ ... $\frac{8}{9}$ ... $3\frac{6}{7}$.

Différentes manières d'exprimer une même fraction.

Observation. Le but de cet exercice est d'accoutumer l'élève à changer de suite et de tête l'expression d'une fraction.

— Combien $\frac{1}{2}$ contient-elle de $\frac{1}{4}$, $\frac{1}{6}$, $\frac{1}{8}$, $\frac{1}{10}$, $\frac{1}{12}$, etc.? (c. 1....)

R. $\frac{1}{2}=\frac{2}{4}, \frac{3}{6}, \frac{4}{8}, \frac{5}{10}, \frac{6}{12}$, etc.

Donc ces fractions sont autant de manières d'exprimer $\frac{1}{2}$. On peut facilement remarquer que toutes les fois que le numérateur est la moitié du dénominateur, la fraction équivaut à $\frac{1}{2}$. Ainsi si l'on veut exprimer $\frac{1}{2}$ en 30ème il ne faut que prendre la moitié de 30 pour numérateur; $\frac{1}{2}=\frac{15}{30}$.

On démontre ces questions d'une manière sensible par le premier rang horizontal des carrés du troisième tableau. Le premier carré à gauche indique que $\frac{1}{2}$ contient $\frac{2}{4}$, le deuxième qu'elle contient $\frac{3}{6}$, le troisième qu'elle contient $\frac{4}{8}$, etc.

— Combien $\frac{1}{3}$ contient-il de $\frac{1}{6}$, $\frac{1}{9}$, $\frac{1}{12}$, $\frac{1}{15}$, $\frac{1}{18}$, etc.? (carré 2...)

R. $\frac{1}{3}=\frac{2}{6}, \frac{3}{9}, \frac{4}{12}, \frac{5}{15}, \frac{6}{18}$, etc. (Deuxième rang horizontal.)

Ces fractions sont autant de manières différentes d'exprimer $\frac{1}{3}$. On peut remarquer aussi, comme pour les $\frac{1}{2}$, que le numérateur est le tiers du dénominateur.

Exprimez $\frac{1}{3}$ en vingt-unièmes, vingt-quatrièmes, vingt-septièmes, trentièmes, trente-sixièmes, etc.

R. $\frac{1}{3} = \frac{7}{21}$, $\frac{8}{24}$, $\frac{10}{30}$, $\frac{12}{36}$.

On fera remarquer à l'élève qu'un tiers ne peut pas être changé en septièmes, huitièmes, dixièmes, onzièmes, treizièmes, etc., parce qu'on ne peut pas en prendre le tiers pour en former le numérateur.

— Lequel vaut le plus de $\frac{20}{40}$ ou d'une $\frac{1}{2}$? *R.* Ces deux fractions sont égales.

— Lequel vaut le plus de $\frac{9}{27}$ ou $\frac{1}{3}$? *R.* Il n'y a pas de différence. (c. 2, 8.)

— Combien $\frac{2}{3}$ font-ils de sixièmes? *R.* $\frac{4}{6}$. — Pourquoi? *R.* Parce que $\frac{1}{3} = \frac{2}{6}$; $\frac{2}{3}$, qui sont le double, doivent aussi valoir le double de $\frac{2}{6}$ ou $\frac{4}{6}$.

— Combien $\frac{2}{3}$ font-ils de douzièmes? *R.* $\frac{8}{12}$. Même solution.

— Combien $\frac{2}{3}$ font-ils de quinzièmes, dix-huitièmes, vingt-unièmes, vingt-quatrièmes, etc.? *R.* $\frac{10}{15}$, ou $\frac{12}{18}$, ou $\frac{14}{21}$, ou $\frac{16}{24}$.

On partage une ligne en 8 parties, et l'on démontre que pour en prendre le quart il faut prendre $\frac{2}{8}$; on partage ensuite chaque huitième en 2 parties, ce qui donne des seizièmes; et l'élève voit que ce même quart, qui contenait $\frac{2}{8}$, contient $\frac{4}{16}$: d'où il conclut que $\frac{4}{16}$ et $\frac{1}{4}$ sont la même chose.

— Combien $\frac{1}{4}$ contient-il de huitièmes, douzièmes, seizièmes, vingtièmes, vingt-quatrièmes, vingt-huitièmes, etc.?

R. $\frac{1}{4} = \frac{2}{8}$ ou $\frac{3}{12}$, ou $\frac{4}{16}$, ou $\frac{6}{24}$, ou $\frac{7}{28}$. (carré 3....)

Ce sont donc autant de manières différentes d'exprimer $\frac{1}{4}$.

Il faut remarquer que le numérateur est le quart du dénominateur.

Démontrez que $\frac{3}{12}$ et $\frac{1}{4}$ ont la même valeur.

Solution. Si l'entier contient 12 parties, le quart devra en contenir 4 fois moins, et le quart de 12 est 3 ; donc il faut $\frac{3}{12}$ pour faire $\frac{1}{4}$. (c. 3, 2.)

On réitérera cette question sur les différentes manières d'exprimer $\frac{1}{4}$, et l'élève les résoudra de la même manière.

— Combien $\frac{2}{4}$ contiennent-ils de huitièmes? *R.* Si $\frac{1}{4} = \frac{2}{8}$, $\frac{2}{4}$ doivent valoir le double, par conséquent $\frac{4}{8}$. (c. 3, 1.)

— Combien $\frac{3}{4}$ font-ils de douzièmes? *R.* Si $\frac{1}{4} = \frac{3}{12}$, $\frac{3}{4}$ doivent valoir 3 fois autant, c'est-à-dire 3 fois $\frac{3}{12}$ ou $\frac{9}{12}$. (c. 3, 2.)

Même question sur $\frac{2}{4}$ et $\frac{3}{4}$ transformés en huitièmes, douzièmes, seizièmes, etc.

Les solutions sont aussi les mêmes.

Tout cela doit être démontré matériellement.

Composer un ou plusieurs entiers ou une fraction avec des fractions de différentes espèces.

$\frac{1}{2} + \frac{2}{4}$ sont deux fractions d'espèces différentes, et qui équivalent à un entier.

Cherchez de même deux autres fractions dont la somme soit 1.

R. $\frac{1}{3} + \frac{4}{6} = 1$; $\frac{2}{8} + \frac{3}{4} = 1$; $\frac{3}{5} + \frac{4}{10} = 1$; $\frac{1}{4} + \frac{9}{12} = 1$; $\frac{3}{4} + \frac{4}{16} = 1$; $\frac{1}{3} + \frac{6}{9} = 1$; $\frac{4}{5} + \frac{3}{15} = 1$; $\frac{1}{6} + \frac{15}{18} = 1$; $\frac{3}{7} + \frac{12}{21} = 1$; $\frac{5}{7} + \frac{6}{21} = 1$; $\frac{3}{8} + \frac{10}{16} = 1$; $\frac{4}{9} + \frac{15}{27} = 1$; $\frac{5}{8} + \frac{9}{24} = 1$, etc.

Cherchez deux fractions dont la somme soit deux entiers.

R. $\frac{1}{2}+\frac{6}{4}$; $\frac{1}{2}+\frac{9}{6}$; $\frac{1}{2}+\frac{24}{16}$.
$\frac{1}{3}+\frac{10}{6}$; $\frac{1}{3}+\frac{15}{9}$; $\frac{1}{3}+\frac{20}{12}$; $\frac{1}{3}+\frac{25}{15}$; $\frac{1}{3}+\frac{30}{18}$.
$\frac{2}{3}+\frac{8}{6}$; $\frac{2}{3}+\frac{12}{9}$; $\frac{2}{3}+\frac{16}{12}$; $\frac{2}{3}+\frac{20}{15}$.
$\frac{3}{3}+\frac{6}{6}$; $\frac{3}{3}+\frac{4}{4}$; $\frac{3}{3}+\frac{6}{6}$.
$\frac{4}{3}+\frac{4}{6}$; $\frac{4}{3}+\frac{6}{9}$; $\frac{4}{3}+\frac{8}{12}$.
$\frac{5}{3}+\frac{2}{6}$; $\frac{5}{3}+\frac{3}{9}$; $\frac{5}{3}+\frac{4}{12}$; $\frac{5}{3}+\frac{5}{15}$.

Il faut que l'élève donne la solution de toutes ses réponses. Voici comment il doit s'y prendre. Pour prouver, par exemple, que $\frac{1}{3}+\frac{10}{6}=2$ entiers, il dira : $\frac{1}{3}=\frac{2}{6}$; $\frac{2}{6}+\frac{10}{6}=\frac{12}{6}$; $\frac{12}{6}=2$ entiers.

Mais la recherche de ces deux fractions est plus difficile que la solution. L'élève se trouvera probablement embarrassé. Peut-être découvrira-t-il lui-même un moyen facile de le trouver. S'il ne le trouvait pas cependant, on lui indiquerait le suivant :

Si je veux, par exemple, deux fractions dont la somme soit deux entiers, je prends une fraction quelconque, par exemple, $\frac{3}{5}$. Je vois combien il faut encore de cinquièmes pour faire deux entiers. Il faut $\frac{7}{5}$, dont je change l'expression en dixième, quinzième, vingtième, etc., et j'ai $\frac{16}{10}$, $\frac{24}{15}$, $\frac{32}{20}$.

Cherchez deux fractions dont la somme soit $\frac{1}{2}$.

$\frac{1}{3}+\frac{1}{6}=\frac{1}{2}$, parce que $\frac{1}{3}=\frac{2}{6}$; $\frac{2}{6}+\frac{1}{6}=\frac{3}{6}$; $\frac{3}{6}=\frac{1}{2}$.
$\frac{1}{3}+\frac{2}{12}=\frac{1}{2}$; $\frac{1}{3}+\frac{3}{18}=\frac{1}{2}$.
$\frac{1}{4}+\frac{2}{8}=\frac{1}{2}$; $\frac{1}{4}+\frac{4}{16}=\frac{1}{2}$.
$\frac{1}{5}+\frac{3}{10}=\frac{1}{2}$; $\frac{1}{5}+\frac{6}{20}=\frac{1}{2}$; $\frac{1}{5}+\frac{9}{30}=\frac{1}{2}$.

Cherchez deux fractions dont la somme soit $\frac{1}{3}$.

$\frac{1}{6}+\frac{2}{12}=\frac{1}{3}$; $\frac{1}{6}+\frac{3}{18}=\frac{1}{3}$; $\frac{1}{6}+\frac{4}{24}$.
$\frac{1}{8}+\frac{5}{24}$; $\frac{1}{7}+\frac{4}{21}$.
$\frac{1}{5}+\frac{2}{15}$; $\frac{1}{4}+\frac{1}{12}$.

On peut aussi, si on le juge à propos, faire chercher deux fractions dont la somme soit $\frac{1}{4}$, $\frac{1}{5}$, etc.

On peut s'en dispenser si l'intelligence de l'élève est assez développée pour que l'on puisse hâter son instruction.

Applications diverses.

Nota! Les exercices précédents présentent beaucoup de difficultés, c'est pourquoi il est nécessaire de mettre tous ses soins à les rendre sensibles, et tout dépend de la manière dont l'élève aura saisi les premiers. Ces applications terminent les exercices sur les fractions.

— Si l'on fait 13 lieues en 10 heures, combien en fera-t-on en 11 heures?

Solution. Si l'on fait 13 lieues en 10 heures, en 1 heure on fera la dixième partie de 13 ou 1 lieue $\frac{3}{10}$, et en 11 heures, on en fera onze fois autant. 11 fois 1 lieue font 11 lieues, et 11 fois $\frac{3}{10}$ font $\frac{33}{10}$ ou 3 lieues $\frac{3}{10}$. Ensemble, 14 lieues $\frac{3}{10}$.

— Si l'on fait 8 lieues en 7 heures, combien en fera-t-on en 5 heures?

Solution. Si en 7 heures on fait 8 lieues, en 1 heure on en fera la septième partie. La septième partie de 8 est 1 et $\frac{1}{8}$, et en 5 heures on en fera cinq fois autant. $5 \times 1\frac{1}{8} = 5\frac{5}{8}$.

— Si l'on fait 9 lieues en 4 heures, combien en fera-t-on en 10 heures?

Solution. Si en 4 heures on fait 9 lieues, en 1 heure on en fera le quart. Le quart de 9 est 2 et $\frac{1}{4}$, et en 10 heures on en fera dix fois autant: 10×2 lieues $= 20$ lieues; $10 \times \frac{1}{4} = \frac{10}{4}$ ou 2 lieues $\frac{2}{4}$; 20 lieues $+ 2\frac{2}{4} = 22\frac{2}{4}$.

— En 1 heure on tire par un robinet 33 bouteilles; combien en tirera-t-on en 3 quarts-d'heure?

Solution. Si en 1 heure on en tire 33, en 1 quart d'heure on en tirera le quart. Le quart de 33 est $8\frac{1}{4}$, et en 3 quarts-d'heure, 3 fois $8\frac{1}{4}$ ou $24\frac{3}{4}$.

— En 2 heures on tire 57 bouteilles; combien en tirera-t-on en 3 quarts-d heure?

Solution. En 1 heure on en tirera la moitié de 57 ou 28 bouteilles et $\frac{1}{2}$; en un quart-d'heure on en tirera le quart ou 7 bouteilles $\frac{1}{8}$; et en 3 quarts-d'heure, $3 \times 7\frac{1}{8} = 21$ bouteilles $\frac{3}{8}$.

— On tire par un robinet 34 bouteilles $\frac{3}{4}$ par heure. Par un autre robinet on en tire $24\frac{1}{2}$. On demande combien on aura tiré de bouteilles en laissant couler les deux robinets pendant 2 heures.

Solution. En 1 heure $34\frac{3}{4} + 24\frac{1}{2} = 59\frac{1}{4}$, parce que $\frac{1}{2} = \frac{2}{4}$; $\frac{2}{4} + \frac{3}{4} = \frac{5}{4}$ ou $1\frac{1}{4}$; $34 + 24 = 58$, $+ 1$ et $\frac{1}{4} = 59\frac{1}{4}$; et en 2 heures, $2 \times 59\frac{1}{4} = 118\frac{1}{2}$.

— On tire par un robinet 30 bouteilles $\frac{1}{2}$ par heure. Par un autre robinet 32 bouteilles $\frac{1}{4}$, et par un troisième, 27 bouteilles $\frac{3}{4}$; combien en peut-on tirer en laissant couler les trois robinets pendant 2 heures?

Solution. En 1 heure $30 \frac{1}{2} + 32 \frac{1}{4} + 27 \frac{3}{4} = 90 \frac{1}{2}$, et en 2 heures $2 \times 90 \frac{1}{2} = 181$.

— Un robinet donne par minute 4 bouteilles $\frac{5}{8}$, et coule pendant 5 minutes; combien a-t-on tiré de bouteilles?

R. $5 \times \frac{5}{8} = \frac{25}{8}$ ou $3 \frac{1}{8}$; $5 \times 4 = 20$, $+ 3 \frac{1}{8}$ ou $23 \frac{1}{8}$.

— Trois robinets donnent du vin pendant 2 heures et $\frac{1}{2}$; le premier donne 30 bouteilles par heure, le deuxième 32 bouteilles, et le troisième $31 \frac{1}{2}$; on demande combien on en a tiré?

Solution. En 1 heure $30 + 32 + 31 \frac{1}{2} = 93 \frac{1}{2}$. En 2 heures on en tirera le double. 2 fois $93 \frac{1}{2} = 187$. En 1 demi-heure on en tirera la moitié de $93 \frac{1}{2}$ ou $46 \frac{3}{4}$ qu'il faut ajouter au nombre de bouteilles tirées en 2 heures, c'est-à-dire à 187 : cela fait $233 \frac{3}{4}$.

— Un robinet coule pendant 5 minutes et donne 4 bouteilles $\frac{1}{2}$ par minute. Un autre robinet coule pendant 8 minutes et donne 5 bouteilles $\frac{1}{4}$ par minute; combien en a-t-on tiré en tout?

Solution. Le premier coule pendant 5 minutes et donne 4 bouteilles et $\frac{1}{2}$ par minute; cela fait $5 \times 4 \frac{1}{2} = 22 \frac{1}{2}$. Le deuxième en donne 8 fois $5 \frac{1}{4}$ ou 42. $42 + 22 \frac{1}{2} = 64 \frac{1}{2}$.

— Un homme buvait par jour 2 bouteilles de vin contenant chacune 4 verres et $\frac{1}{2}$. Depuis 15 jours il a retranché de sa boisson journalière 2 verres et $\frac{1}{2}$; combien a-t-il bu de verres pendant ces 15 jours, et combien en a-t-il épargné?

Solution. 2 bouteilles contenant chacune 4 verres et $\frac{1}{2}$ font par jour 9 verres, dont il faut retrancher 2 verres et $\frac{1}{2}$ qu'il épargne. Il reste 6 verres et $\frac{1}{2}$ par jour. En 15 jours cela fait $15 \times 6\frac{1}{2}$ ou $97\frac{1}{2}$. Il épargne $15 \times 2\frac{1}{2} = 37\frac{1}{2}$.

— Un homme mangeait habituellement 1 livre $\frac{1}{2}$ de pain à son déjeûner, 3 livres $\frac{1}{4}$ à son dîner, et 2 livres $\frac{3}{4}$ à son souper. Son médecin lui ordonne de retrancher chaque jour le tiers de sa nourriture. On demande combien il mangeait de livres de pain par semaine (7 jours) en exécutant l'ordonnance?

Solution. Par jour $1\frac{1}{2} + 3\frac{1}{4} + 2\frac{3}{4} = 7\frac{1}{2}$, parce que $\frac{1}{2} = \frac{2}{4}, + \frac{1}{4} + \frac{3}{4} = \frac{6}{4}$ ou 1 livre $\frac{2}{4}$; $1 + 3 + 2 = 6$ livres, plus 1 livre $\frac{2}{4}$ font 7 livres $\frac{2}{4}$ ou 7 livres $\frac{1}{2}$, dont le tiers est $2\frac{2}{4}$. En 7 jours cela fait 7 fois $2\frac{2}{4}$ ou $17\frac{2}{4}$. Donc il mangeait par semaine 7×7 livres $\frac{1}{2}$ ou 52 livres $\frac{1}{2}$; et maintenant il retranche par semaine 17 livres $\frac{2}{4}$.

— Un homme mangeait habituellement 1 livre $\frac{3}{4}$ de pain à son déjeûner, 3 livres à son dîner, et 2 livres $\frac{1}{2}$ à son souper. Le médecin lui ordonne de retrancher les deux tiers de sa nourriture; combien mange-t-il par jour?

Solution. Il mangeait par jour $1\frac{3}{4} + 3 + 2\frac{1}{2} =$ 7 livres $\frac{1}{4}$. S'il doit en retrancher les deux tiers, il lui en restera un tiers. Le tiers de $7\frac{1}{4} = 2\frac{5}{12}$.

— 3 copistes font en 4 jours 100 pages; combien chaque copiste en fait-il par jour?

Solution. En 1 jour les trois copistes en font le

quart de 100 ou 25, et un seul copiste le tiers de 25 ou 8 $\frac{1}{3}$.

— 3 copistes font en 5 jours 200 pages; combien chaque copiste en fait-il par jour?

Solution. En 1 jour ils feront la cinquième partie de 200. La cinquième partie de 200 est 40, et un seul copiste fera le tiers de 40 ou 13 $\frac{1}{3}$.

— 3 copistes font en 4 jours 121 pages; combien chaque copiste en a-t-il fait par jour?

Solution. En 1 jour ils ont fait le quart de 121 ou 30 $\frac{1}{4}$, et 1 seul copiste en a fait le tiers de 30 $\frac{1}{4}$ ou 10 $\frac{1}{12}$.

— 3 copistes font en 5 jours, et en travaillant 4 heures par jour, 150 pages; combien chaque copiste en fait-il par heure?

Solution. 1 seul copiste en fait en 5 jours, et en travaillant 4 heures, le tiers de 150 ou 50. En un jour il fait la cinquième partie de 50 ou 10, et en 1 heure le quart de 10 ou 2 $\frac{1}{2}$.

— 5 copistes font en 2 jours 115 pages; combien 4 copistes en feront-ils en 3 jours?

Solution. 1 seul copiste fait en 2 jours la cinquième partie de 115, qui est 23, parce que la cinquième partie de 100 et 20, et celle de 15 est 3. En un jour il fera la moitié de 23 ou 11 $\frac{1}{2}$. 4 copistes en feront 4 fois autant. 4 fois 11 $\frac{1}{2}$ = 46; et en trois jours 3 fois 46 ou 138.

— 4 copistes font en 4 jours 168 pages; combien 5 copistes en feront-ils en 2 jours?

Solution. 1 seul copiste en fait en 4 jours le quart

de 168 ou 42, et en un jour le quart de 42 ou $10\frac{1}{2}$. 5 copistes en feront 5 fois autant. $5 \times 10\frac{1}{2} = 52\frac{1}{2}$, et en 2 jours, $2 \times 52\frac{1}{2}$ ou 105.

§ VIII.

EXERCICES SUR LES POIDS ET MESURES.

Sommaire des Exercices.

1° Mesures de longueurs. Exercices sur le mètre et sur les mesures qui y sont relatives. — 2° Exercices sur la toise, le pied, le pouce, la ligne, la brasse, la coudée, etc. — 3° Mesures de poids. Exercices sur la livre et ses divisions. — 4° Exercices sur le gramme et sur les mesures qui y sont relatives. — 5° Mesures de capacité. Anciennes mesures. — 6° Le litre et les mesures qui y sont relatives. — 7° L'arpent, la voie, le stère. — 8° Des monnaies anciennes et nouvelles. Principales monnaies étrangères.

Observations. Dans le courant des exercices précédents, l'élève a appris à connaître quelques-unes des mesures qui sont en usage, mais il n'en a que des notions vagues et incomplètes. Il faut s'occuper ici spécialement de cette partie, et sans entrer dans de grands détails, lui faire connaître les principales, soit françaises, soit étrangères. Ceci est important, car l'élève se trouve dans le cas d'entendre très-souvent parler de *milles*, de *guinées*, de *ducats*, de *florins*, de *pistoles*, etc., sans en connaître la valeur; mais il ne faut cependant s'attacher qu'aux principales, et pour leur réduction en mesures ou monnaies françaises, il faut le faire d'une manière approximative, et non s'attacher à une détermination rigoureuse. Il est aussi très-important de montrer à l'élève, si cela se peut, le poids ou la mesure dont on lui parle, afin qu'il n'ait pas seulement des mots dans la tête, mais des idées; et même, pour les mesures linéaires, il faut de temps en temps lui en faire indiquer la longueur approximative. Quant au système décimal, j'ai toujours remarqué que les élèves étaient embrouillés par les noms grecs, qui leur semblent bizarres : c'est pourquoi il faut, dès à présent, les leur rendre familiers. Ainsi, quand ils en seront aux calculs décimaux, ils auront déjà vaincu cette difficulté.

Mesures de longueurs. Exercices sur le mètre et sur les mesures qui y sont relatives.

Pour mesurer la longueur d'un objet on se sert d'une mesure appelée MÈTRE (1). Il sert à mesurer toute espèce de longueur, telles que les étoffes, le bois, les distances, etc.

Mais comme on a souvent à mesurer des longueurs plus petites que le *mètre*, on l'a partagé en dix parties appelées *décimètres*; ce qui veut dire dixième partie du mètre.

Le décimètre a de même été partagé en dix parties. — Combien le mètre contient-il de ces dixièmes de décimètre? *R*. 100.

C'est pour cette raison qu'on les appelle *centimètres*; ce qui signifie centième partie du mètre.

Le centimètre se divise encore en dix autres parties.

(1) Le mètre a 3 pieds 1 pouce, ou plus exactement 3 pieds 11 lignes $\frac{1}{2}$.

— Combien le mètre contient-il de ces nouvelles parties? *R.* 1000.

C'est pourquoi on les appelle *millimètres*; ce qui signifie millième partie du mètre.

— Combien 2, 3, 4, 5 mètres, etc., font-ils de décimètres?

— Combien 2, 3, 4, 5 décimètres font-ils de centimètres?

— Combien 2, 3, 4, 5 centimètres, etc., font-ils de millimètres?

— Combien 2, 3, 4, 5 mètres, etc., font-ils de centimètres?

— Combien font-ils de millimètres?

— Combien 2, 3, 4, 5 décimètres, etc., font-ils de millimètres?

R. 1 décimètre contient 10 centimètres, 1 centimètre contient 10 millimètres; par conséquent 1 décimètre contient 100 millimètres, 2 décimètres en contiennent 200, etc.

— Combien 1 mètre et 1 décimètre font-ils de centimètres?

R. 1 mètre = 100 centimètres, 1 décimètre = 10 centimètres; ensemble 110 centimètres.

— Combien 3 mètres 4 décimètres contiennent-ils de centimètres?

R. 3 mètres = 300 centimètres, 4 décimètres = 40 centimètres; ensemble 340 centimètres.

— Combien 6 mètres, 5 décimètres, 3 centimètres, font-ils de millimètres?

R. 1 mètre = 1,000 millimètres, 6 mètres =

6,000 millimètres; 1 décimètre = 100 millimètres, 5 décimètres = 500 millimètres, 1 centimètre = 10 millimètres, 3 centimètres = 30 millimètres; 6,000 + 500 + 30 = 6,530 millimètres.

— Combien 356 centimètres font-ils de mètres, décimètres et centimètres?

R. 300 centimètres font 3 mètres, 56 centimètres font 5 décimètres plus 6 centimètres.

Avec le mètre on a formé d'autres mesures de longueur; l'une contient 10 mètres, et pour cette raison s'appelle *décamètre*.

Une autre contient 100 mètres, et s'appelle *hectomètre*, d'un mot grec qui signifie *cent*.

La troisième en contient 1,000, et est nommée *kilomètre*, nom formé de même d'un mot grec qui signifie *mille*.

Enfin la quatrième, qui en contient 10,000, et que l'on nomme *myriamètre*, d'un mot grec qui signifie *dix mille*.

On voit donc que les mots *déca*, *hecto*, *kilo* et *myria*, ajoutés au mot *mètre*, signifient : *dix*, *cent*, *mille* et *dix mille* mètres. Au contraire les mots *déci*, *centi* et *milli*, ajoutés au nom de la mesure, signifient : *dixième*, *centième* et *millième* de mètre.

Le myriamètre sert à mesurer les grandes distances, et équivaut à peu près à 2 lieues.

— Combien 3 myriamètres et 4 kilomètres font-ils de mètres?

R. 3 myriamètres = 30,000 mètres, 4 kilomètres = 4,000 mètres; ensemble 34,000 mètres.

— Combien 3 hectomètres, 9 décamètres et 8 mètres font-ils de mètres?

R. 3 hectomètres = 300 mètres, 9 décamètres = 90 mètres; 300 + 90 + 8 = 398 mètres.

On se bornera pour le mètre aux notions précédentes. Il est inutile de parler pour le moment de la manière d'écrire les décimales, il suffit de faire sentir l'avantage des nouvelles mesures sous le rapport de leurs divisions.

Exercices sur la toise, le pied, le pouce, la ligne, la brasse, la coudée, etc.

On se sert aussi, pour mesurer les longueurs, de la *toise*. Elle est partagée en 6 parties appelées *pieds*; le pied en 12 *pouces*, le pouce en 12 *lignes*.

— Combien 2, 3, 4, 5 toises, etc., valent-elles de pieds?

— Combien 1 toise vaut-elle de lignes?

R. 1 pouce = 12 lignes, 1 pied = 12 pouces; le pied vaut donc 12 × 12 lignes, ou 144 lignes. La toise vaut 6 pieds; elle vaut donc 6 × 144 lignes, ou 864 lignes.

— Combien 3 toises font-elles de pouces?

R. 1 toise = 6 × 12 pouces = 72 pouces, et 3 toises = 3 × 72 pouces, ou 216 pouces.

— Combien 4 pieds font-ils de lignes?

R. 1 pied = 12 × 12 lignes, ou 144 lignes, et 4 pieds = 4 × 144 lignes, ou 576 lignes.

La *perche* est une mesure de longueur dont on se sert pour mesurer les champs; elle contient 3 toises.

La *lieue* est aussi une mesure de longueur qui sert à estimer les grandes distances. On distingue la lieue terrestre, qui est de 2,282 toises; la lieue marine, de 2,800 toises, et la lieue de poste, de 2,000 toises.

La lieue d'Angleterre s'appelle *mille*; le mille est environ les $\frac{3}{5}$ de la lieue commune de France.

— Combien 20 milles font-ils de lieues?

R. Si un mille était $\frac{1}{5}$ de lieue, il faudrait prendre le $\frac{1}{5}$ de 20; mais comme le *mille* en est les $\frac{3}{5}$, il faut en prendre le $\frac{1}{5}$ et le répéter 3 fois. Le cinquième de 20 est 4; $3 \times 4 = 12$; donc 20 milles font 12 lieues.

— Combien 100 milles font-il de lieues?

R. La cinquième partie de 100 est 20; $3 \times 20 = 60$; donc 100 milles $=$ 60 lieues.

L'aune sert à mesurer les étoffes; elle se divise en $\frac{1}{2}$, $\frac{1}{4}$, $\frac{1}{8}$, $\frac{1}{16}$, $\frac{1}{32}$, $\frac{1}{3}$, $\frac{1}{6}$, $\frac{1}{12}$ et $\frac{1}{24}$.

La *brasse* sert à mesurer la profondeur de l'eau; c'est la longueur des deux bras étendus.

La *coudée*, mesure dont il est souvent question dans l'Ecriture sainte, et dont se servaient les Hébreux, c'est la distance du coude au bout des doigts, ou environ un pied et demi. Elle n'est plus en usage, ainsi que la suivante.

La *palme*, mesure en usage chez le même peuple, c'est la longueur de la main.

Quoique l'usage de la toise, du pied, du pouce, etc., soit plus répandu que celui du mètre, ce sont cependant d'anciennes mesures; mais comme il n'y a pas long-tems que l'on se sert du mètre, l'usage n'en est pas aussi commun. On l'a adopté de préférence à la toise, à cause de la facilité que les divisions présentent dans le calcul. On s'en sert pour toute espèce de mesures de longueur.

Mesures de poids. Exercices sur la livre et ses divisions.

Pour peser un objet on se sert de *la livre*. On la divise en 16 *onces*; chaque once en 8 *gros*, et chaque gros en 72 *grains*. On partage encore la livre en $\frac{1}{2}$ et $\frac{1}{4}$; mais le nombre d'onces varie suivant les provinces; il y en a de 14, 15, 16, 17, et jusqu'à 18 onces : celle de Paris est de 16.

Pour peser les objets d'un poids considérable, tels que le sel, le sucre, le tabac, etc., que l'on achète en gros, on se sert du *quintal*, qui pèse 100 livres.

— Combien 5 quintaux 40 livres font-ils de livres?

R. 540.

— Combien 3 quintaux et demi font-ils de livres?

R. 350.

— Combien une once pèse-t-elle de grains?

R. 8 × 72 grains, ou 576.

Pour trouver le produit de 8 fois 72, on s'y prendra de la manière suivante :

$2 \times 70 = 140$, $140 + 140 = 280$, $280 + 280 = 560$, $8 \times 2 = 16$, $560 + 16 = 576$.

— Combien une livre pèse-t-elle de gros?

R. 8 × 16, ou 128 gros.

— Si une livre coûte 20 sous, combien coûteront 4 onces?

R. Le quart du prix de la livre, ou 5 sous.

— Combien coûteront 6 onces?

R. 4 onces coûtent 5 sous, 6 onces coûteront 5 sous et la moitié de 5 sous, ou 7 sous et $\frac{1}{2}$.

— Combien coûteront 5 onces?

R. 4 onces coûtent 5 sous, 5 onces coûteront 5 sous et le quart de 5 sous, ou 6 sous et $\frac{1}{4}$.

— Si une livre coûte 29 sous, combien coûtent $\frac{3}{4}$ de livres.

R. Le quart de livre doit coûter 7 sous et $\frac{1}{4}$ et les $\frac{3}{4}$; $3 \times 7\frac{1}{4} = 21$ sous et $\frac{3}{4}$.

— Si 1 livre coûte 15 sous, combien coûteront 3 livres 8 onces?

R. 3 livres coûteront 3×15 sous, ou 45 sous, et 8 onces la moitié de 15 sous; ensemble 52 sous $\frac{1}{2}$.

Exercices sur le gramme et sur les mesures qui y sont relatives.

On se sert aussi pour peser d'un nouveau poids appelé *gramme*. Il pèse environ 19 grains.

Les mesures plus fortes que le *gramme* sont le *décagramme*, qui vaut 10 grammes; l'*hectogramme*, qui en vaut 100; le *kilogramme*, qui en vaut 1,000, et le *myriagramme*, qui en vaut 10,000

Le *kilogramme* pèse environ 2 livres, et remplace la livre ordinaire.

— Combien 50 kilogrammes font-ils de livres?

R. 100 livres.

— Combien 50 kilogrammes font-ils de grammes?

R. 50,000.

— Si 3 kilogrammes ont coûté 24 fr., à combien revient la livre?

R. 1 kilogramme doit coûter la troisième partie de 24 fr., ou 8 fr., et 1 livre la moitié de 8 fr., ou 4 fr.

— On a acheté 24 kilogrammes de sucre 48 fr.; combien vendra-t-on 24 livres, si l'on veut gagner 5 sous par livre?

R. 24 livres coûteront la moitié du prix de 24 kilogrammes, c'est-à-dire 24 fr.; mais, comme on veut gagner 5 sous par livre; il faut ajouter à 24 fr. 24 fois 5 sous; 5×24 sous $=$ 120 sous $=$ 6 fr., 24 fr. $+$ 6 fr. $=$ 30 fr.

Les poids plus petits que le *gramme*, sont: Le *décigramme*, ou dixième partie du gramme; le *centigramme*, ou centième partie du gramme; et le *milligramme*, ou millième partie du gramme.

Les autres poids anciens sont: Le *dragme*, qui vaut 72 grains, ou un *gros*; le *scrupule*, qui en vaut 24, et l'*obole*, qui en vaut 12. Ils sont en usage dans la médecine.

Le *marc*, qui vaut 8 onces, ou $\frac{1}{2}$ livre.

Le *karat* pour peser l'or, l'argent et les diamants; il pèse 4 grains.

Mesures de capacité. Anciennes mesures.

On appelle mesures de capacité celles qui servent à mesurer les liquides ou les grains.

Pour le vin on se sert de la *pinte* ou bouteille. La *pinte* contient 2 chopines, la chopine 2 *demi-setiers*, le demi-setier 2 *poissons*.

Pour le vin en gros on se sert du *muid*. A Paris il contient 288 pintes: le *setier* vaut 8 pintes.

Pour les grains on se sert du *muid* et du *boisseau* : le muid vaut 144 boisseaux.

Du litre et des mesures qui y sont relatives.

Les mesures précédentes varient de nom et de valeur suivant les provinces. Celles que l'on vient d'indiquer sont de Paris. On fera observer à l'élève qu'elles ont été remplacées par une autre dont les divisions sont bien plus faciles à retenir et qui sont les mêmes pour toute la France ; c'est le *litre*, qui vaut à peu près 1 bouteille et $\frac{1}{4}$.

Il se divise en dix *décilitres*, le décilitre en dix *centilitres*, et le centilitre en dix *millilitres*.

Pour les quantités plus grandes que le litre on a le *décalitre*, ou 10 litres ; l'*hectolitre*, ou 100 litres ; le *kilolitre*, ou 1,000 litres, et enfin le *myrialitre*, ou 10,000 litres.

On fera observer que cette division et cette augmentation sont conformes à celles des nouvelles mesures que nous avons vues, et que l'on ajoute toujours à la mesure principale un des mots : *déci*, *centi* ou *milli*, pour désigner une mesure plus petite, et les mots : *déca*, *hecto*, *kilo* et *myria*, pour les mesures plus grandes que l'unité principale.

— Combien 3 hectolitres, 4 décalitres et 2 litres font-ils de litres?

R. 3 hectolitres = 300 litres, 4 décalitres = 40 litres ; 300 + 40 + 2 = 342 litres.

— Combien 8 kilolitres, 5 décalitres font-ils de litres?

R. 8 kilolitres = 8,000 litres, 5 décalitres = 50 litres ; 8,000 + 50 = 8050 litres.

— Combien 8 litres font-ils de bouteilles ordinaires ?

R. 1 litre contient 1 bouteille et $\frac{1}{4}$, 8 litres contiendront 8 bouteilles et $\frac{8}{4}$ ou 10 bouteilles.

— Combien 50 litres font-ils de bouteilles ?

R. 50 litres = 50 bouteilles plus $\frac{50}{4}$, $\frac{50}{4}$ = 12 bouteilles et $\frac{1}{2}$; ensemble 62 bouteilles $\frac{1}{2}$.

— Combien 100 bouteilles font-elles de litres ?

R. 100 bouteilles font 400 quarts de bouteilles. Un litre contient 5 quarts ; donc en prenant la cinquième partie de 400 quarts on aura le nombre de litres ; la cinquième partie de 100 est 20, et de 400 elle est 80 ; donc 100 bouteilles font 80 litres.

— Combien 25 bouteilles font-elles de litres ?

R. 25 bouteilles font 100 quarts ; la cinquième partie de 100 est 20 ; donc 25 bouteilles font 20 litres.

Il sera facile de faire comprendre ces deux dernières questions ; car ayant réduit le nombre de bouteilles en quarts ou carafons (1), autant de fois on aura 5 carafons, autant on aura de litres. Ainsi 10 bouteilles font 40 carafons ; 5 y est contenu 8 fois ; donc 10 bouteilles font 8 litres.

---

(1) Petite bouteille qui contient une demi-chopine, ou le quart de la bouteille ordinaire.

L'arpent, la voie, le stère.

Les autres mesures que l'on peut faire connaître sont :

L'*arpent*, surface carrée de 180 pieds de long sur autant de large. Il sert à mesurer la superficie des champs.

La *voie* de bois à brûler. Elle a 4 pieds de haut sur 4 de large ; elle a été remplacée par le *stère*, qui a un mètre dans tous les sens : cependant l'usage de la *voie* est encore très-répandu.

Des monnaies anciennes et nouvelles. Principales monnaies étrangères.

L'unité de monnaie était autrefois la *livre*, qui valait 20 sous, le sou 12 deniers, et le denier 2 oboles. Le sou contenait et contient encore 4 liards.

La livre a été remplacée par le *franc*, qui a à peu près la même valeur (1).

Quoique le sou soit une division de la livre, on s'en sert généralement ; mais le franc se divise en 10 décimes et en 100 centimes.

Le décime répond à 2 sous, et le sou vaut 5 centimes.

Les anciennes pièces étaient celles de 12, de 15, de 24, de 30 sous ; le petit écu de 3 livres, l'écu de

---

(1) Il y a entre la livre et le franc une différence d'un centime, qui consiste dans le titre des deux pièces. La livre vaut 99 centimes.

6 livres, le demi-louis de 12 livres, le louis de 24 livres et le double louis de 48 livres.

Les nouvelles sont celles de 10 centimes ou 2 sous; de 50 centimes ou 10 sous; de 1, de 2 et de 5 francs; de 20 et de 40 francs.

— Combien 12, 15, 18 sous, etc., font-ils de centimes?

— Combien 30, 35, 40, 48, 50 centimes, etc., font-ils de sous?

— Combien 150 sous font-ils de livres?

R. 7 livres 10 sous.

— Combien 150 centimes font-ils de francs?

R. 1 franc 50 centimes.

— Combien 349 centimes font-ils de francs?

R. 3 francs 49 centimes.

— Combien 100 francs font-ils d'écus de 5 francs?

— Combien 100 livres font-elles d'écus de 3 livres?

— Combien 50 écus de 5 francs font-ils de francs?

— Combien 50 écus de 6 livres font-ils de livres?

— On doit à quelqu'un 300 fr., que l'on paie en écus de 6 livres; combien en faudra-t-il, et combien devra-t-on donner de surplus, chaque écu perdant 4 sous?

R. Pour 120 fr. il faut 20 écus de 6 livres, pour 240 fr. il en faut 40; il reste encore 60 fr., pour lesquels il faut 10 écus. En tout il en faut 50; mais, comme chaque écu perd 4 sous, il faudra donner en sus 50 × 4 sous, ou 200 sous; 200 sous font 10 livres.

— On a la somme de 300 fr. à payer en écus de 5 fr.; combien en faut-il?

R. Pour 100 fr. il en faut 20, pour 300 fr. il en faut 3 fois 20, ou 60.

Dans l'usage des anciennes monnaies, lorsqu'on ne spécifiait pas l'espèce d'écu, on entendait toujours l'écu de 3 livres. On dit encore 10 écus pour 30 fr., 50 écus pour 150 fr., et 100 écus pour 300 fr.

— Combien 100 louis de 24 livres font-ils de livres?

R. 100 fois 20 font 2,000, plus 100 fois 4 ou 400, font 2,400 livres.

— Combien 50 louis de 24 livres font-ils de livres?

R. 100 louis font 2,400 livres, 50 louis doivent en valoir la moitié, ou 1,200 livres?

— Combien 100 louis de 20 fr. font-ils de francs?

R. 2,000 fr.

— On paie la somme de 150 fr. en louis de 24 liv.; combien en faut-il et quel est le surplus, chaque louis perdant 9 sous?

R. Pour 120 fr. il en faut 6, pour 144 il en faut 7; le surplus est donc de 7 × 9 sous, ou 63 sous, ou 3 fr. 3 sous pour 144 fr. Si l'on donne un écu de 6 livres pour compléter la somme, il faudra ajouter 4 sous.

On proposera un certain nombre de questions analogues aux précédentes, dans lesquelles on s'attachera principalement à familiariser l'élève avec la comparaison des anciennes et des nouvelles monnaies.

Les principales monnaies étrangères dont il est dans le cas d'entendre parler, sont :

En Angleterre, le *schelling*, qui vaut 24 sous; la

livre sterling, qui vaut 24 fr.; la *guinée*, qui en vaut 26, et la *couronne*, qui en vaut 6.

En Russie, le *rouble*, qui vaut 4 fr., et le *ducat*, qui en vaut 11. Le ducat est aussi en usage dans la plus grande partie de l'Allemagne et en Hollande ; le ducat d'Italie vaut 4 fr. à Venise et à Naples, et 5 fr. à Parme.

Le *florin*, monnaie d'Allemagne et de la Suisse, vaut environ 2 fr. Je dis environ, parce que sa valeur varie de quelques centimes dans ces différentes contrées.

Le *batz*, monnaie de Suisse et d'Allemagne, vaut 3 sous.

La *piastre*, en Espagne, vaut 5 fr., et en Turquie 2 fr.

Le *dollar*, aux États-Unis, vaut 5 fr. 50 cent.

La *roupie*, en Perse, vaut 36 fr., et aux Indes orientales, environ 38 fr. 50 cent.

Si l'on veut avoir plus de détails sur ces monnaies, on peut consulter le tableau de la réduction des monnaies étrangères en monnaies françaises, placé à la fin du deuxième volume.

§ IX.

EXERCICES SUR LES PROPORTIONS.

Observation. Il faut se borner dans ces exercices, comme dans tous ceux qui ont précédé, à donner à l'élève une idée générale des proportions et des rapports des nombres, sans entrer dans les développements d'aucune formule.

Ces exercices peuvent fournir beaucoup de sujets de devoirs que l'on peut donner à l'élève pour le faire travailler seul.

— 1 est quelle partie de 2? *R.* La moitié. Même question sur 2 et 4, 3 et 6, 4 et 8.

1 est donc la même partie de 2 que 2 l'est de 4, que 3 l'est de 6, que 4 l'est de 8, que 5 l'est de 10, etc., ou, en d'autres termes, 1 se rapporte à 2 comme 2 se rapporte à 4, comme 3 se rapporte à 6, comme 4 se rapporte à 8, etc.

— Cherchez des nombres qui se rapportent comme 1 à 2? *R.* 6 et 12, 10 et 20, 12 et 24, 15 et 30, etc.

— 1 est quelle partie de 3? *R.* Le tiers. Même question sur 2 et 6, 3 et 9.

1 se rapporte donc à 3 comme 2 à 6, comme 3 à 9, parce que 1 est la troisième partie de 3, comme 2 est la troisième partie de 6, comme 3 est la troisième partie de 9.

— Cherchez des nombres qui se rapportent comme 1 à 3? *R.* 4 et 12, 5 et 15, 6 et 18, 10 et 30, 20 et 60, etc.

— Cherchez des nombres qui se rapportent comme 2 et 8? *R.* 2 étant la quatrième partie de 8, le premier des deux nombres à chercher doit être aussi la quatrième partie du second. Ainsi 2 se rapporte à 8 comme 4 à 16, comme 5 à 20, comme 15 à 60, etc.

— Cherchez de même des nombres qui se rapportent comme 1 à 5 et comme 1 à 6? *R.* 1 se rapporte à 5 comme 3 se rapporte à 15, comme 4 à 20, comme 5 à 25, comme 10 à 50, comme 12 à 60, etc.

1 se rapporte à 6 comme 2 se rapporte à 12, comme 3 à 18, comme 4 à 24, comme 10 à 60, comme 20 à 120, etc.

2 se rapporte à 6 comme 7 à quel nombre? *R.* 21.
3 . . . . 12 . . . . 5 . . . . 20.
3 . . . . 15 . . . . 7 . . . . 35.
5 . . . . 40 . . . . 2 . . . . 16, etc.

2 se rapporte à quel nombre comme 7 à 49? *R.* 14.
3 . . . . 5 . 35? 21.
4 . . . . 9 . 27? 12, etc.

4 se rap. à 24 comme quel nomb. se rap. à 54? *R.* 9.
5 . . . . . 40 . . . . 32? 4.
3 . . . . . 18 . . . . 42? 7, etc.

Quel nomb. se rapporte à 63 comme 9 à 27? *R.* 21.
. . . . 48 . . . . 8 . 32? 12.
. . . . 84 . . . . 5 . 35? 12.
. . . . 10 . . . . 3 . 15? 2.

Lorsque je dis que 2 est à 4 comme 6 est à 12, je forme une *proportion*, parce que les deux premiers nombres ont le même rapport que les deux seconds; mais l'expression suivante ne forme pas une proportion, 3 est à 6 comme 5 est à 15, parce que les deux premiers nombres n'ont pas le même rapport que les deux seconds. En effet 3 est la moitié de 6, et 5 le tiers de 15.

Les nombres suivants sont-ils en proportion?

4 est à 12 comme 6 est à 18.
7 . . 21 . . . . 8 . . . 32.
5 . . 20 . . . . 9 . . . 36.
8 . . 40 . . . . 3 . . . 15.

On proposera ainsi un certain nombre de questions à vérifier et à corriger, si elles sont fausses.

Observation. Remarquez bien que l'élève ne doit pas les vérifier par cette loi, que le produit des extrêmes est égal au produit des moyens. Il suffit ici de lui donner l'idée des rapports et des proportions, et de l'exercer sur quelques combinaisons qui y sont relatives.

— Cherchez des nombres qui se rapportent comme 2 à 1? *R*. 2 est le double de 1, par conséquent le premier des deux nombres cherchés doit être le double du second; 2 se rapporte à 1 comme 4 à 2, 6 à 3, 10 à 5, 20 à 10, etc.

On fera de même chercher des nombres dans le rapport de 3 à 1, 4 à 1, 5 à 1, 6 à 1, et même au-delà si l'élève est en état de le faire.

3 est à 1 comme 6 à 2, 9 à 3, 18 à 6, 33 à 11, 48 à 16, etc.

4 est à 1 comme 8 à 2, 16 à 4, 20 à 5, 36 à 9, 28 à 7, 32 à 8, etc.

5 est à 1 comme 10 à 2, 15 à 3, 20 à 4, 25 à 5, 30 à 6, etc.

6 est à 1 comme 12 à 2, 18 à 3, 24 à 4, 36 à 6, 48 à 8, etc.

8 se rapporte à 4 comme 50 à quel nombre? *R*. 25.
9 . . . . 3 . . . . 36 . . . . 12.
10 . . . . 2 . . . . 35 . . . . 7.
12 . . . . 4 . . . . 51 . . . . 17.

15 se rapporte à 5 comme quel nombre à 8? *R*. 24.
16 . . . . 2 . . . . 5? 40.
18 . . . . 3 . . . . 7? 42.

36 se rapporte à quel nombre comme	12 à 3? *R.*	9.
24	4 à 2?	12.
72	8 à 2?	18.

Quel nombre se rapporte à	9 comme	36 à 18? *R.*	18.
. . . .	20	4 à 1?	80.
. . . .	15	9 à 3?	45.

— Cherchez des nombres qui se rapportent comme 2 à 3.

Solution. 2 est deux fois la troisième partie de 3, ou 2 a deux parties comme 3 en a trois. Le premier des deux nombres à chercher doit donc être aussi 2 fois la troisième partie du second; 2 est à 3 comme 4 est à 6; car 4 est en effet 2 fois la troisième partie de 6, ou 4 a deux parties comme 6 en a 3.

2 est à 3 comme 6 à 9, 8 à 12, 10 à 15, 12 à 18, etc.

— 2 se rapporte à 3 comme 20 à quel nombre?

Solution. Si 20 se rapporte à un nombre inconnu comme 2 à 3, 20 doit avoir deux parties comme le nombre inconnu doit en avoir 3; or si 20 a deux parties, chaque partie est 10, et le nombre inconnu sera 3 fois 10 ou 30.

La solution est la même pour les questions suivantes :

2 est à	3 comme	18 à quel nombre?	*R.*	27.
8 . . .	12	24		36.
10 . . .	15	30		45.
6 . . .	9	22		33.
12 . . .	18	28		42.

— 4 est à 6 comme quel nombre est à 21?

Solution. Le nombre inconnu doit avoir deux parties

comme 21 en a trois. Si 21 a trois parties, chacune est 7 ; le nombre inconnu doit être 2 fois la troisième partie du nombre connu ; ainsi 4 est à 6 comme 14 à 21.

4 est à	6 comme quel nombre est à	33?	*R.*	22.
4 . . .	6	42?		28.
6 . . .	9	60?		40.
8 . . .	12	51?		34.

— Cherchez des nombres qui soient dans le rapport de 3 à 4.

R. 3 est 3 fois la quatrième partie de 4 ; le premier de ces deux nombres doit donc être 3 fois la quatrième partie du second, ou, ce qui est la même chose, il doit avoir 3 parties comme le second en a 4.

3 est à 4 comme 6 est à 8, parce que 6 est 3 fois la quatrième partie de 8, qui est 2.

3 est à 4 comme 9 à 12, 12 à 16, 15 à 20, 18 à 24, etc.

— 3 est à 4 comme 24 est à quel nombre?

Solution. Si 24 est à un nombre inconnu comme 3 à 4, 24 doit avoir 3 parties comme le nombre inconnu en a 4 ; si 24 a 3 parties, chacune est 8, et le nombre inconnu doit être 4 × 8, ou 32.

3 est à 4 comme	27 à quel nombre?	*R.*	36.
3 . . 4	33		44.
6 . . 8	36		48.

— 4 est à 3 comme 28 est à quel nombre?

Solution. Dans cette question le nombre inconnu a trois parties comme le nombre connu en a quatre. Si

24 a quatre parties, chacune est 6, et le nombre inconnu doit être 3 × 6 ou 18.

4 est à 3 comme 20 est à quel nombre? *R.* 15.
4 . . 3 . . . . 40 . . . . 30.
4 . . 3 . . . . 60 . . . . 45.

— 2 est à 1 comme 7 est à quel nombre?

Solution. Le nombre inconnu doit être la moitié du nombre connu, ainsi 2 est à 1 comme 7 est à 3 $\frac{1}{2}$.

— 3 est à 1 comme 8 est à quel nombre?

Solution. Le nombre inconnu doit être le tiers du nombre connu, donc 3 est à 1 comme 8 est à 2 $\frac{2}{3}$.

— 3 est à 2 comme 8 est à quel nombre?

Solution. Le nombre inconnu doit avoir 2 parties, comme le nombre connu doit en avoir 3. Le tiers de 8 est 2 $\frac{2}{3}$; le nombre inconnu doit être 2 × 2 $\frac{2}{3}$ ou 5 $\frac{1}{3}$.

— 3 est à 2 comme quel nombre est à 15?

Solution. Le nombre inconnu doit avoir 3 parties, comme le nombre connu en a 2. La moitié de 15 est 7 $\frac{1}{2}$: le nombre inconnu doit être 3 × 7 $\frac{1}{2}$ ou 22 $\frac{1}{2}$.

— 3 est à 4 comme 10 est à quel nombre?

Solution. Le nombre inconnu doit avoir 4 parties, comme 10 en a 3. Si 10 a 3 parties, chacune est 3 $\frac{1}{3}$, et le nombre inconnu sera 4 × 3 $\frac{1}{3}$ ou 13 $\frac{1}{3}$.

— 2 est à 5 comme 15 est à quel nombre?

Solution. Le nombre inconnu doit avoir 5 parties, comme 15 en a 2. La moitié de 15 est 7 $\frac{1}{2}$, et le nombre inconnu sera 5 × 7 $\frac{1}{2}$ ou 37 $\frac{1}{2}$.

— 3 est à 5 comme 10 est à quel nombre? *R.* 16 $\frac{2}{3}$.

— 3 est à 5 comme quel nombre est à 10? *R.* 6.

— 4 est à 5 comme 18 est à quel nombre? *R.* 22 $\frac{1}{2}$.

— Quel nombre est les $\frac{2}{3}$ de 20?

Solution. Si le nombre inconnu est $\frac{2}{3}$ de 20, il doit avoir 2 parties, comme 20 en a 3. C'est comme si l'on disait : 2 est à 3 comme quel nombre est à 20?

— 20 est les $\frac{2}{3}$ de quel nombre?

Cette forme de question équivaut à celle-ci : 2 est à 3 comme 20 est à quel nombre? *R.* 30.

— Quel nombre est $\frac{3}{5}$ de 30?

Solution. La cinquième partie de 30 est 6; le nombre inconnu est 3×6 ou 18.

— Quel nombre est $\frac{3}{5}$ de 12?

Solution. La cinquième partie de 12 est $2\frac{2}{5}$; $3 \times 2\frac{2}{5} = 7\frac{1}{5}$.

— 20 est les $\frac{3}{4}$ de quel nombre?

Solution. 20 doit avoir 3 parties, comme le nombre inconnu en a 4. Le $\frac{1}{3}$ de 20 est $6\frac{2}{3}$; $4 \times 6\frac{2}{3} = 26\frac{2}{3}$, donc $20 =$ les $\frac{3}{4}$ de $26\frac{2}{3}$.

Progressions.

Lorsque l'on dit : 1 est à 2 comme 2 est à 4, comme 4 est à 8, comme 8 est à 16, comme 16 est à 32, etc., on forme une proportion continue dont tous les termes sont dans le rapport de 1 à 2. Ces sortes de proportions s'appellent *progressions*. Ainsi l'on peut dire que les nombres 1, 2, 4, 8, 16, 32, 64, etc., forment une progression dont les termes se rapportent comme 1 à 2.

Formez une progression de 10 nombres qui soient dans le rapport de 1 à 2, et dont le premier soit 3.

R. 3, 6, 12, 24, 48, 96, 192, 384, 768, 1536.

Si l'élève sait faire la multiplication, avec des chiffres on peut, pour l'exercer, lui donner des questions un peu longues analogues à la précédente et aux suivantes; mais il faut aussi qu'il s'accoutume à en chercher de tête. Nous avons vu plus haut de quelle manière on facilitait la multiplication par la décomposition des nombres; il faut ici en faire l'application:

Pour 2 fois 96 il dira : $2 \times 80 = 160$; $2 \times 16 = 32$; $160 + 32 = 192$.

Pour 2 fois 192 : $2 \times 100 = 200$; $2 \times 92 = 184$; $184 + 200 = 384$.

Pour 2 fois 384 : $2 \times 300 = 600$, $2 \times 84 = 168$; $600 + 168 = 768$.

Pour 2 fois 768 : $2 \times 700 = 1400$; $2 \times 68 = 136$; $1400 + 136 = 1536$.

Formez une progression de 6 nombres dans le rapport de 1 à 3, et dont le premier soit 1?

R. 1, 3, 9, 27, 81, 243.

Formez une progression de 8 nombres dans le rapport de 1 à 3, et dont le premier terme soit 2?

R. 2, 6, 18, 54, 162, 486, 1458, 4374.

Formez une progression de 6 nombres dans le rapport de 1 à 4, et dont le premier soit 1?

R. 1, 4, 16, 64, 256, 1024.

Même question que la précédente, le premier terme étant 2.

R. 2, 8, 32, 128, 512, 2048.

Formez une progression de 5 nombres dans le rapport de 2 à 3, et dont le premier terme soit 4?

Dans cette question, chaque terme doit être les

$\frac{2}{3}$ de celui qui le suit, c'est-à-dire que chacun doit avoir 2 parties, comme le suivant en a 3.

R. 4, 6, 9, 13 $\frac{1}{2}$, 20 $\frac{1}{4}$.

Solution. 4 est en effet les $\frac{2}{3}$ de 6, comme 6 est les de 9. 9 est les $\frac{2}{3}$ de 13 $\frac{1}{2}$, puisque la moitié de 9 est 4 $\frac{1}{2}$, et que $3 \times 4\frac{1}{2} = 13\frac{1}{2}$. 13 $\frac{1}{2}$ est aussi les $\frac{2}{3}$ de 20 $\frac{1}{4}$, puisque la moitié de 13 $\frac{1}{2}$ est 6 $\frac{3}{4}$, et que $3 \times 6\frac{3}{4} = 20\frac{1}{4}$.

Formez une progression de 5 nombres dans le rapport de 2 à 3, et dont le premier terme soit 3?

R. 3, 4 $\frac{1}{2}$, 6 $\frac{3}{4}$, 10 $\frac{1}{8}$, 15 $\frac{3}{16}$.

Solution. La moitié de 3 est 1 $\frac{1}{2}$; $3 \times 1\frac{1}{2} = 4\frac{1}{2}$. La moitié de 4 $\frac{1}{2}$ est 2 $\frac{1}{4}$; $3 \times 2\frac{1}{4} = 6\frac{3}{4}$. La moitié de 6 $\frac{3}{4}$ est 3 $\frac{3}{8}$; $3 \times 3\frac{3}{8} = 10\frac{1}{8}$. La moitié de 10 $\frac{1}{8} = 5\frac{1}{16}$; $3 \times 5\frac{1}{16} = 15\frac{3}{16}$.

FIN DU SECOND COURS.

RÉCAPITULATION

DES EXERCICES DU DEUXIÈME COURS.

§ Ier.

§ II.

§ III.

§ IV.

§ V.

§ VI.

§ VII.

§ VIII.

§ IX.

FIN DU PREMIER VOLUME.

Tabl. I. Unités.

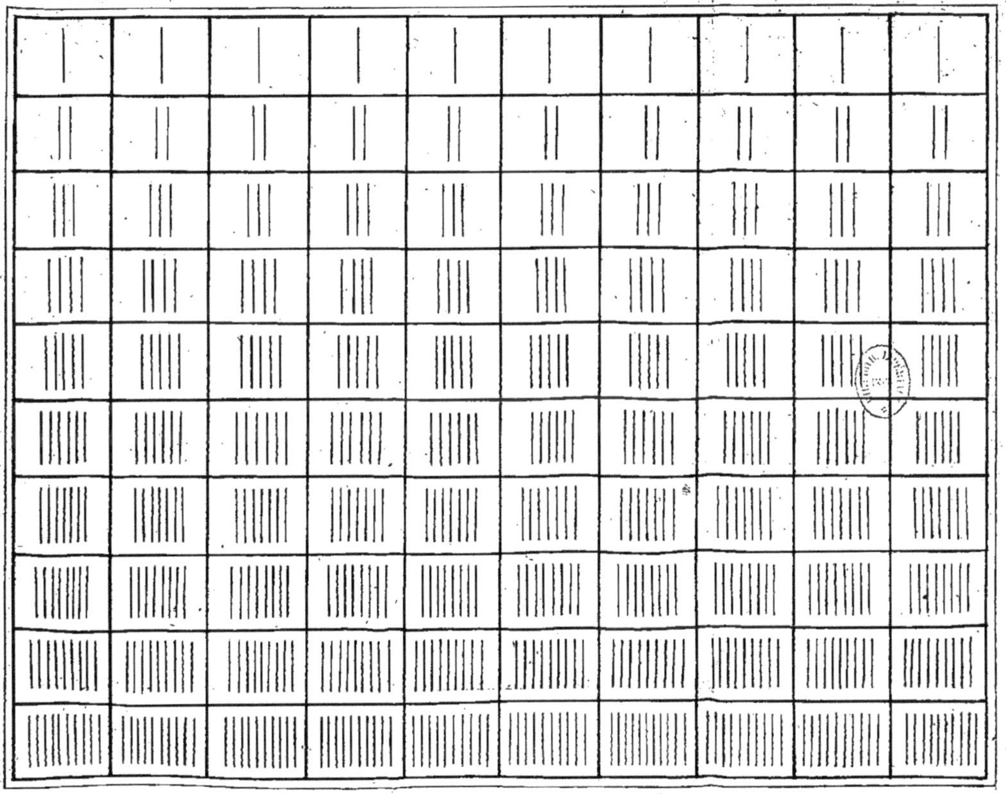

Tabl. II. Fractions.

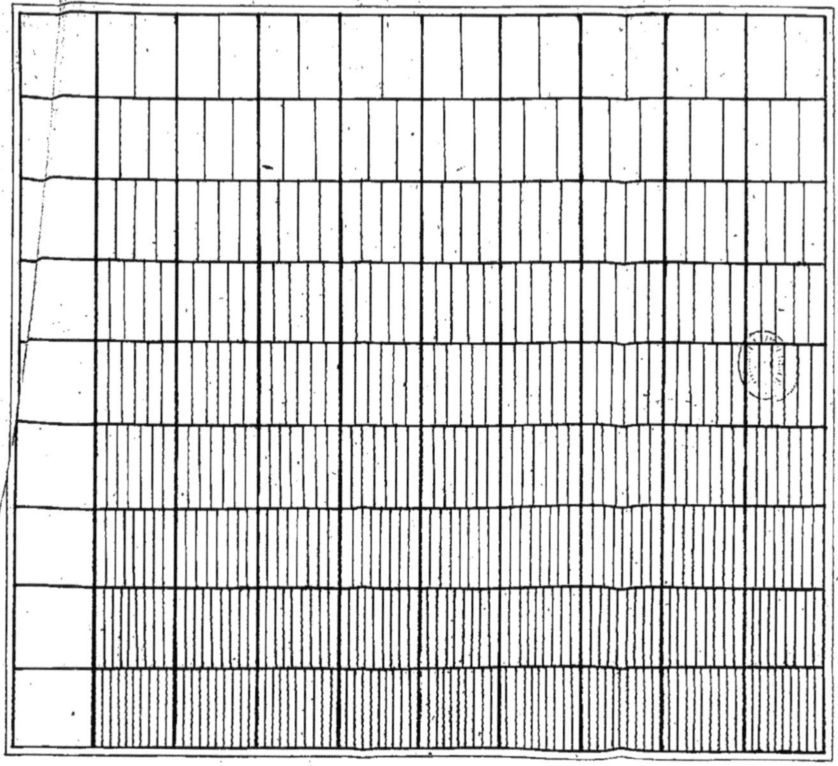

Tabl. III. Fractions de Fractions.

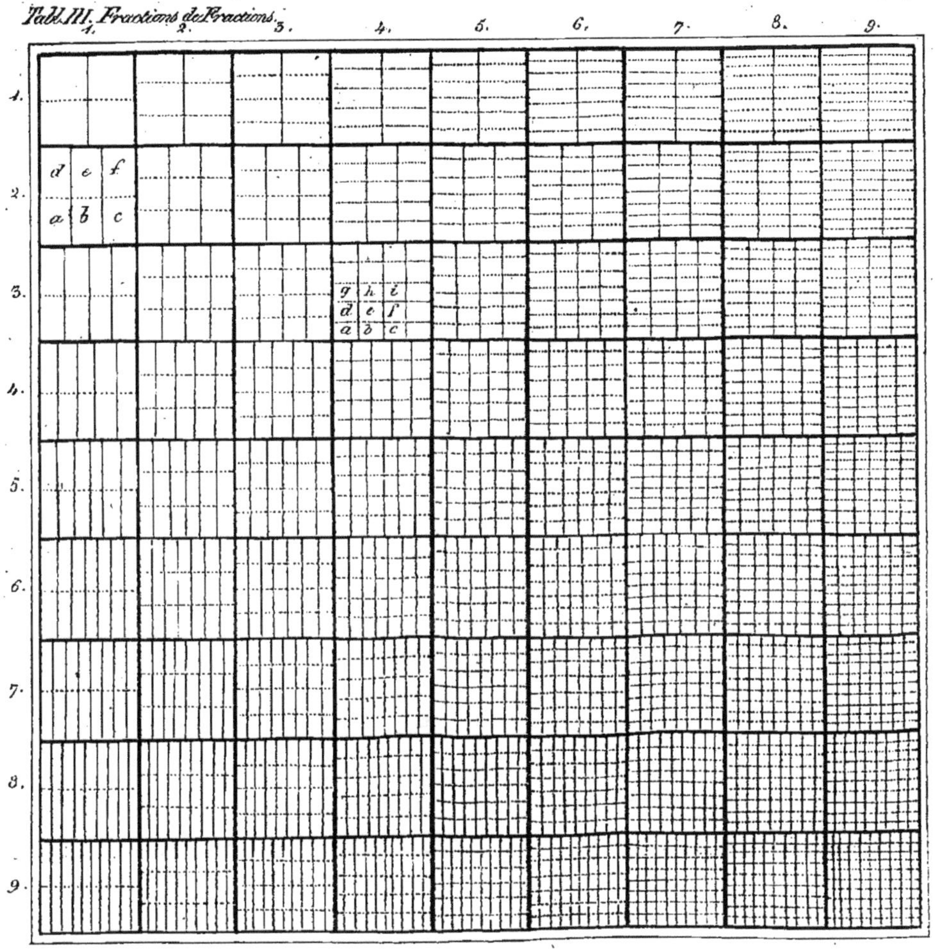

	1.	2.	3.	4.	5.	6.	7.	8.	9.
1.									
2.	d e f a b c								
3.				g h i d e f a b c					
4.									
5.									
6.									
7.									
8.									
9.									

LIVRES DE FONDS

Qui se trouvent chez PILLET aîné, *imprimeur-libraire*, *rue Christine*, n° 5.

COLLECTION DES MŒURS FRANÇAISES.

	fr.	c.
L'HERMITE de la Chaussée-d'Antin, ou Observations sur les Mœurs et Usages des Parisiens au commencement du 19e siècle; avec cette épigraphe : Chaque âge a ses plaisirs, son esprit et ses mœurs. BOILEAU, *Art poétique.* Par M. de Jouy, membre de l'Académie française. Cinq forts vol. in-12, ornés de douze charmantes gravures et de fleurons. Prix	18	75
Le même, cinq vol. in-8°.	30	
Papier vélin.	50	
Guillaume le Franc-Parleur, ou Observations sur les Mœurs et Usages des Parisiens au commencement du 19e siècle, faisant suite à l'Hermite de la Chaussée-d'Antin, et par le même auteur. Deux vol. in-12, ornés de quatre jolies gravures et de fleurons.	7	50
Le même, 2 vol. in-8°.	12	
L'Hermite de la Guiane, ou Observations sur les Mœurs françaises au commencement du 19e siècle; faisant suite à l'Hermite de la Chaussée-d'Antin et au Franc-Parleur, et par le même auteur. Trois vol. in-12, ornés de jolies grav. et de fleurons. Prix. .	11	25
Le même, trois vol. in-8°. Prix.	18	
L'Hermite en Province (suite de l'Hermite de la Chaussée-d'Antin, etc., etc., par M. de Jouy, etc.); Quatre vol. in-12, ornés de huit jolies gravures et vignettes.	15	
Le même, in-8°	24	
La Morale appliquée à la Politique, pour servir d'introduction aux *Observations sur les Mœurs françaises au 19e siècle.* Par M. de Jouy, membre de l'Institut. Deux volumes in-12, ornés du portrait de l'auteur. Prix	7	50

NOTA. *Chaque volume se vend séparément. Il y en a de diverses reliûres dans les deux formats.*

Le Bonhomme, ou Observations sur les Mœurs et Usages parisiens, par M. de Rougemont. Suite du Rôdeur. Un vol. in-12, orné de deux jolies gravures et de vignettes. Prix.	3	75
Le même, in-8°	6	

MŒURS ANGLAISES.	fr.	c.
L'Hermite de Londres, ou Observations sur les Mœurs et Usages des Anglais au commencement du 19e siècle. Trois volumes in-12, ornés de gravures et vignettes. Prix	11	25
Le même, trois volumes in-8o.	18	

Histoire de la Perse, depuis les tems les plus anciens jusqu'à l'époque actuelle; suivie d'Observations sur la religion, le gouvernement, les usages et les mœurs des habitans de cette contrée. Traduit de l'anglais de sir John Malcolm, ancien ministre plénipotentiaire du gouvernement supérieur à la cour de Perse. Ouvrage orné d'une carte générale de la Perse, du portrait du prince régnant et de six autres planches en taille-douce, offrant des vues et des monumens de la Perse. Quatre forts volumes in-8o, imprimés avec soin sur beau papier. Prix	25	
Papier vélin, figures avant la lettre	50	

M. Langlès, savant orientaliste, a enrichi de notes et d'un Vocabulaire cette Histoire générale de la Perse.

Documens pour servir à l'Histoire de la Captivité de Napoléon Bonaparte à Sainte-Hélène, ou Recueil de faits curieux sur la vie qu'il y menait, sur sa maladie et sur sa mort. Deuxième édition. Un fort volume in-8o, orné de cinq gravures enluminées. Prix.	7	
Les Séductions politiques, ou l'An 1821; roman politique, par l'auteur des Folies du Siècle. Un fort volume in-8o. Prix.	6	

Art (l') du Cuisinier, par Beauvilliers, avec gravures et planches. Deux vol. in-8o. Prix	15	
Adriana, ou les Passions d'une Italienne. Par R. J. Durdent. Trois vol. in-12. Prix.	6	
Alisbelle et Rosemonde, ou les Châtelaines de Grentemesnil; histoire du tems de la première croisade, par Durdent, auteur d'Adriana, etc.; 3 vol. in-12. Prix.	5	
Abrégé de l'Histoire Sainte, ou Bible du jeune âge. Par M. Fleury. Un fort vol. in-18, jolie édition, imprimée sur beau papier, et ornée de trente fig. en taille-douce. Prix.	2	50

Anti-Pyrrhonien (l'), ou Réfutation complète des Principes contenus dans le deuxième volume de l'Essai sur l'Indifférence en matière de religion, principes subversifs de toute croyance religieuse, de toute morale, et contraires aux notions de la saine physique, ainsi qu'à l'expérience de l'histoire; par fr.

M. Jondot, de l'ancienne société des Observateurs de l'Homme. Un volume in-8°. Prix 6

Coup-d'œil sur les Résultats de toutes les Révolutions, particulièrement de la Révolution française; sur la Désorganisation qui menace le genre humain, et sur les Moyens d'y remédier; par M. Lejoyand. Brochure in-8°. Prix 1 50

Contes et Nouvelles de J. La Fontaine, ornés de portrait. Un vol. in-8°. Prix. 4

De la Chine, ou Description générale de cet empire, rédigée d'après les mémoires de la mission de Pékin. Ouvrage qui contient : 1° la description topographique des quinze provinces qui composent cet empire, celle de la Tartarie, des îles et des états tributaires qui en dépendent; le nombre de ses villes, le tableau de sa population, et les trois règnes de son histoire naturelle, rassemblés et donnés pour la première fois avec quelque étendue; 2° l'exposé de toutes les connaissances acquises et parvenues jusqu'ici en Europe sur le gouvernement, la religion, les lois, les mœurs, les sciences et les arts des Chinois. Troisième édition, revue et considérablement augmentée. Par M. l'abbé Grosier, conservateur de la bibliothèque de MONSIEUR, frère du Roi, à l'Arsenal. Sept vol. in-8°. Prix. 42

Dictionnaire universel portatif du Commerce, contenant tous les mots qui ont rapport au commerce, leur explication, les détails les plus intéressans sur chacun d'eux; la situation géographique des villes, bourgs, ports, îles, et de tous les lieux en général qui intéressent le commerce, etc.; leur industrie, leurs manufactures, fabriques et établissemens de commerce, etc.; les marchandises de toute espèce qui s'y vendent, etc.; les lois, ordonnances, règlemens sur l'exercice du commerce; les douanes, les patentes, etc.; les poursuites judiciaires en matière de commerce, etc.; des modèles de tenue de livres, d'inventaires, d'actes de société, de procurations, de commissions, de lettres de voiture; d'actes d'assurance, de charte-parties, de contrats à la grosse, d'obligations, de compromis, de mandats, de lettres-de-change, de billets, de transactions, de bilans, d'atermoiement, et de tous les actes en général qui ont lieu journellement dans le commerce. Un vol. in-8° de plus de 900 pages, papier grand-raisin, avec le tableau gravé de toutes les monnaies de l'Europe; augmenté d'un Supplément. Prix. 12

De la Religion révélée, ou de la nécessité, des carac-

fr. c.

tères et de l'authenticité de la révélation, par P. J. Herluison; ouvrage propre à combattre ou à détruire les préjugés du 18e siècle. Un vol. in-8o. Prix. . . 4

De Machiavel et de l'Influence de sa doctrine sur les opinions, les mœurs et la politique de la France pendant la révolution, par M. Mazères. Un vol. in-8o. Prix. 5

Description historique et topographique de Moskow, ou Détails sur les mœurs et usages des habitans de cette grande ville, etc.; traduit de J. Richter. Un vol. in-8o. Prix. 1 50

Enfer (l'), poëme du Dante, traduit en vers français par Terrasson; suivi de poésies diverses. Un fort vol. in-8o. Prix. 6

Essai sur la Monarchie Française, ou Précis de l'Histoire de France, considérée sous le rapport des arts et des sciences, des mœurs, usages et institutions des différens peuples qui l'ont habitée, depuis l'origine des Gaules jusqu'au règne de Louis XV; suivi d'une Notice sur les grands capitaines qui se sont distingués depuis Henri-le-Grand. Par F. Rouillon-Petit, ex-professeur de philosophie et de rhétorique. Un fort vol. in-12. Prix. 3

Eblis, ou la Magie des Perses. Un vol. in-12. Prix. . 2

Eloge de Malesherbes, poëme, suivi de notes historiques; par Gandouard de Montauré. In-8o. Prix. . . . 1 25

Eloge historique de Marie-Clotilde-Adélaïde-Xavier de France, reine de Sardaigne, avec des notes et des pièces inédites. Un vol. in-8o, avec grav. Prix. . 2 50

Ephémérides militaires, ou Anniversaires de la valeur française, depuis 1792 jusqu'en 1815, par une société de militaires et de gens de lettres. Cet ouvrage forme douze livraisons. Chaque livraison forme un volume in-8o, suivi d'une Table alphabétique contenant les noms des généraux, officiers, corps d'armée, divisions, demi-brigades, régimens, etc., qui ont pris part aux batailles et combats rapportés dans l'ouvrage. Prix 3

Ephémérides de Grosley, membre de plusieurs académies; accompagnées d'une Notice sur la vie de cet auteur. Deux volumes in-12. Prix. 5

Essai sur l'Art de l'Ingénieur en instrumens de physique expérimentale en verre; ouvrage traitant de tout ce qui a rapport à la construction et à la perfection de ces divers instrumens, etc.; par l'ingénieur Chevallier. Un vol. in-8o, orné de 15 planches. Prix. 9

DE L'IMPRIMERIE DE PILLET AÎNÉ, RUE CHRISTINE.